知人知面更知心

職場上必懂的讀心術

馬駿◎著

MIND READING ON THE CAREER

前言

很多人都認為做生意很難，生意圈的水潭子深不見底。其實，只要把握好每一個顧客和競爭對手的心理，那麼難也會變為不難了。

當然了，生意場上向來都是瞬息萬變的。所以一個成功的商人所需要的不僅僅是運籌帷幄的才能和財大氣粗的資本，更多的則是看透人心、操控人心的能耐。

中國人最講究中庸之道，避免鋒芒太露。

所以，一個真正聰明的生意人，在睥睨商場的同時，更關注的是周圍形形色色的人和事，想辦法在最短的時間內聚攏更多的人脈和人心，以便創造更龐大的利益。也就是說，做生意要靠的不僅是能力和運氣，更需要靈氣。

在如今商家林立、競爭激烈的現實情況下，只有學會將思維轉得快一些，運用得更加靈活一些，才能獲得好的出路。而如何看透人心並操控人心，便是其中的重中之重。

生意人做買賣，不但要瞭解市場的需求，還要瞭解顧客以及競爭對手和合作搭檔的心理。只有這樣，才能穩穩當當地實現自己的利益目標，在最短的時間內獲得成功。

懂得心理學並不是職場生意人成功的唯一要素，但是卻是做成買賣、賺取利潤的最關鍵要點。

對生意人來說，適當的運用一點心理學的技巧並且採取適當措施，不僅能更好地揣摩市場需求的走向，還能更好地把握顧客的最大需求，在短期內贏得利益。更重要的是能在與合作者的談判中穩占上風，在與競爭者的較量中占盡先機，讓生意做得更圓滿順當。

本書分別從品牌構建、客戶心理、商業炒作等問題入手，分門別類地講述了有關生意人如何看透人心、操控人心的策略和技巧，告訴讀者朋友不可不知的致富生意經。

不管是你的事業正在遭受挫折，還是你正破釜沉舟準備下海，這本書都是你的不二選擇，它會讓你在馳騁職場的同時如虎添翼，成為一名出類拔萃的生意人。

第一章 瞬間看透人心——做生意必須要掌握的「讀心術」

第二章 掌握品牌戰術——做生意要學會把握顧客「品牌」心理

contents · contents · contents · contents · contents

目錄

第三章
誠信才是黃金——你用「真心」才能換得顧客的「真金」

第四章
抓住獵奇心理——打破常規，眾行之中求創新

第五章

貨賣一張皮，老酒也要裝新瓶

包裝「心理學」——

第六章

做生意不要小心眼，但千萬不能缺心眼

膽大更要心細——

contents · 目錄 · contents · contents · contents

第七章

會說話才能讓你在商場中賺大錢

學會看人說話——

第八章

生意談判中要突破對方的心理防線

談判「度心術」——

第九章 利用雙贏心理——彼此信任，把對手當隊友

第十章 洞悉消費心理——把握不同顧客的購買消費心理

第一章

瞬間看透人心——做生意必須要掌握的「讀心術」

生意人每天都會面對形形色色的人和事，
最重要的就是要學會察言、觀色、善於攻心術，
其中察言觀色就好比打仗時候的前鋒。
只有弄清楚顧客的心理，不露聲色地摸清他人底細，
第一時間吸引客戶的眼球，輕鬆地進行交易。
才能在生意場上穩操勝券，一往無前。

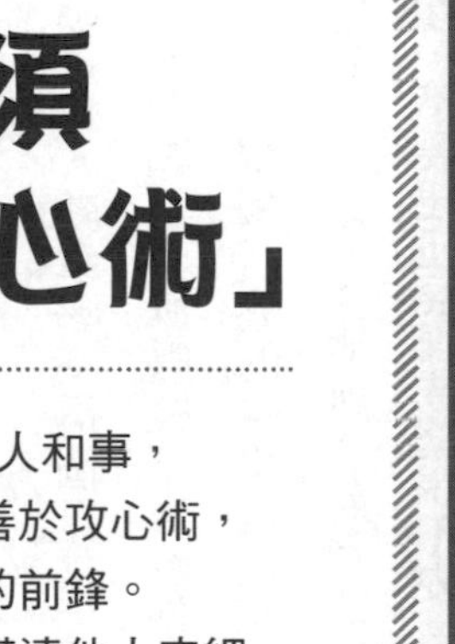

慧眼如炬，洞察客戶心

一個人只有瞭解了客戶的需求和所能接受的價位，才能輕鬆地和對方溝通。所謂：「話不投機半句多」，如果向一個根本沒有經濟能力去購買這個產品的客戶去推銷你的產品，那結果肯定是以失敗告終；如果向一個儘管經濟實力很強，但是他並不需要這個產品的客戶推銷，那你的結局還是失敗。

怎樣有效地去做生意，而避免做無用功呢？這就需要你具有從客戶的外部表現來洞察他的基本狀況的火眼金睛。

(1)觀察顧客需要目光敏銳、**行動迅速**。就拿喝茶這個日常生活中常見的例子來說，你只有觀察到哪個顧客喜歡喝綠茶，哪個顧客喜歡喝紅茶，哪個顧客只喝白開水，或者哪個顧客喝得快，哪個顧客喝得慢，才能根據觀察的結果採取相應對策。全面觀察顧客其實很簡單，你可以從以下幾個方面進行：年齡、服飾、語言、肢體語言、行為態度等。

(2)觀察顧客的外觀時表情要輕鬆，不要扭扭捏捏或緊張不安。觀察顧客時不要表現得太過明顯，如果像在監視顧客或是好像你對他本人感興趣一樣，一旦被察覺，會引起顧客反感。

觀察顧客要求感情投入，感情投入就能設身處地為顧客著想，這樣才能提供顧客滿意的服務。遇到不同類型的顧客，就要提供不同的服務方法：對急躁的顧客，你要耐心、溫和地與他交談；有依賴性的顧客，他們可能有點膽怯，你要態度溫和、富於同情心，站在他們的角度為他們著想，並提些恰當的建議，但不要施加太大的壓力；對產品挑剔的顧客經常持懷疑的態度，對他們要坦率、有禮貌、保持自控能力；只想試一試的顧客通常寡言少語，你得有耐心，提供周到的服務，並能顯示專業水準；有產品認知性的顧客有禮貌、理智，你要用有效的方法待客，用友好的態度回答。

總之，要不停地問自己：如果我是這個顧客，我會需要什麼？

(3)注意目光接觸的技巧。做生意觀察客人有這樣一個口訣：「生客看大三角、熟客看倒三角、不生不熟看小三角。」也就是說，你與不熟悉的顧客打招呼時，眼睛要看他面部的大三角，即以肩為底線、頭頂為頂點的大三角形；與很熟悉的顧客打招呼時，眼睛要看著他面部的倒三角形；與較熟悉的顧客打招呼時，眼睛要看著他面部的小三角，即以下巴為底線、額頭為頂點的小三角形。

心理學家研究證明，兩人的視線相互接觸的時間，通常占交往時間的百分之三十至百分之六十。如果超過百分之六十，表示彼此對對方的興趣可能大於交談的話題；低於百分之三十，表明對對方本人或話題沒有興趣。

除關係十分密切的人外，一般連續注視對方的時間在一至兩秒鐘，美國人的習慣則是在一秒鐘內。

來自顧客外部的很多訊息是一般人都知道的，雙手叉腰或者交叉擋在胸前表示防衛、抵禦、宣示主權。不過，也有一些其他的動作不為人知，如聽人說話時若是雙臂交叉，則沒有否定的意味；向上急急揮動手臂的人是在強烈地表示：拜託，別煩了！而雙臂縮在背後則有袖手旁觀的意思。感覺往往比語言快十倍，這絕對是一個真理。

請隨時隨地注意自己和客戶溝通時他的外部表現，這是感覺獲得的最直接信號，也比語言更有效。

所以，在和你的客戶溝通時，要不露聲色地去觀察他，應該做到以下幾個方面：

形象：妝容適當，得體自然，服飾規範，尊重對方。

眼神：目光親切，自然平和，真誠相對，順勢而動。

語言：口氣堅定，充滿自信，善於傾聽，答疑解惑。

舉止：落落大方，避免拘謹，重視對方，切忌張狂。

從上面幾個方面看，除語言外，尚有三條皆在形象與肢體。所以，在向客戶推銷的過程中，除了要提高自己的語言表達能力外，還要注意自己肢體語言的表達能力，更要注意客戶的肢體語言。

肢體語言表露出來的心聲

成功的生意人在和自己的客戶溝通過程中，並不會一味地自我「吹噓」，而會仔細觀察客戶的每一個舉動，從客戶的舉動來解析他的心理活動，以準備隨時轉換話題和探討方向。

有句話說得好：「沉默中有話，手勢中有語言。」人與人在溝通中除了語言上的交流，行為舉止也很重要。一個人的肢體語言是他內心最直白的表現。生意人一旦掌握了這些身體語言的信號，並能準確解讀出其中的含義，就會對他的事業有很大的幫助。

在做生意的時候，仔細觀察是很重要的一個環節，只有通過舉動看到顧客心裏真正的想法，才能說到顧客真正感興趣的話題上。

做生意還要能熟記顧客的姓氏、愛好、要求等。有一點要記住，在與客戶談話的過程中，要時刻注意他們的身體語言，看到「黃燈」時就要提高警惕，讓客戶的肢體語言指導你順利開展行銷工作。

在與客戶溝通時，通過客戶的肢體語言分析客戶的行為類型來採取相對應的溝通方式，有如下技巧：

(1)在你和客戶談論話題時，對方激烈的動作可以看做是很投入，因為他已經被你的話題所吸引。

(2)在你和客戶溝通的過程中，對方的動作緩慢，這是告訴你他不關心你說的內容。

(3)在你們溝通過程中，客戶有意識地把身子向前傾，眼神很專注，就是在告訴你他聽得很認真，並且心裏在盤算著他不清楚的地方。

(4)在你向顧客展示產品時，對方東張西望，那就是說他對你說的話題不僅不感興趣，而且很反感，你就需要趕快轉換話題了。

(5)如果你把產品向客戶已經簡單地介紹完畢，接著要帶他去看樣本。這時客戶的腳步卻是拖遝跟隨，那就證明他不感興趣，剛才聽你介紹產品只是出於禮貌，其實根本沒有購買意圖。

很多人做生意都有自己固定的老客戶，而這些老客戶究竟是怎樣來的呢？他們也是從新客戶變成老客戶的。

在和客戶溝通時，要注意他的行為舉止，發現他的愛好，當他第二次光臨的時候，你就會待他像朋友一樣自如。這些都會讓顧客覺得自己在你這裏受到了ＶＩＰ的待遇，所以他不會再去別的地方，花一樣的錢為什麼不找一個服務好些的商家來合作呢？這個道理誰都懂，只是有些生意人往往忽視了這一點。

標新立異抓住客戶的目光

不管是什麼樣的產品，同一種產品之間的競爭越來越大。因為同類產品層出不窮，顧客也就對它們沒有多少關注了。並非因為人們不需要了，也不是對這種商品已經厭倦了，應該說是生產商沒有很好地抓住顧客的目光，因為顧客不願意看到那些墨守成規的事物，他們需要的是多元化的、新鮮的東西。

人們都知道飛機能搭載旅客，如果有一家叫「飛機餐館」的店，你是不是也很有興趣呢？

美國佛羅里達州就有一座饒有情趣的、設在飛機裏面的「飛機餐館」。

飛機餐館的老闆是兩位精明幹練的年輕人。一天，他們得知有一架擱置不用的飛機，便靈機一動，花了兩千英鎊（一九六六年這架客機出廠時的價格是七百五十萬英鎊）買下了這架長達一百九十三英尺的舊飛機。

經過精心設計，並專門建了一座配合飛機的建築物，把飛機固定在上面，就這樣便形成了全世界獨一無二、造型奇特的飛機餐館，機艙成為了別致的餐廳。

飛機餐館一開張，就有許多客人慕名前來。他們都想親眼看看飛機餐館究竟是什麼樣子的，都想親身體驗一下坐在機艙裏吃飯是什麼滋味。還有些顧客無緣坐上在藍天翱翔的飛機，但在不會飛的飛機裏享用一頓美餐，倒也覺得其樂無窮。

兩位商人花極少的資本，利用廢舊飛機建成了別具一格的餐館，迎合了人們的好奇心理，真可謂生財有道。

經營餐廳如此，其他行業亦是如此。要學會對不同的客戶做不同的心理分析，掌握建立和睦的客戶關係的方法，而吸引顧客的關鍵就是要在第一時間抓住客戶的目光，摸透對方的心理。

只有掌握了對方的心理需求，才能在溝通過程中有的放矢。只有知道客戶現在需要的是什麼，才能讓你的生意順利進行，才不會白白浪費自己的時間。

談判中的細微動作

商業談判心理對商業談判行為有著重要的影響，培養良好的商業談判心理意識，正確地運用商業談判的心理技巧，有利於交易的達成。同時，通過觀察對手的表像，洞悉對方的心理，會讓你在商業交往和談判中取得主動。

1.巧用眼神，決勝商場

眼神和心理，是交往中引人注目的一個課題，注意在實踐中領悟和運用，是有價值的。特別是在商業交往和談判中，運用眼神這種無聲的語言會讓談判者取得意想不到的良好效果。

在商業交往和談判中，運用眼神的技巧主要有：

如果你希望給對方留下較深的印象，你就要凝視他的眼睛久一些，以表自信。

如果你想在和對方的爭辯中獲勝，那你千萬不要把目光離開，以示堅定。

如果你不知道別人為什麼看你時，你就要稍微留意一下他的面部表情，便於對策。

如果你和別人碰面，覺得不自在，你就要把目光移開，減少不快。

如果你和對方談話時，他漫不經心而又出現閉眼姿勢，你就要知趣暫停；你若還想做有效地溝通，那就要主動地隨機應變。

如果你想和別人建立良好的默契，應用百分之六十到百分之七十的時間注視對方，注視的部位是兩眼和嘴之間的三角區域，這樣的資訊傳接，會被正確而有效地理解。

如果你想在交往中，特別是和陌生人的交往中獲取成功，那就要以期待的目光，注視對方的講話，不卑不亢，只帶淺淡的微笑和不時的目光接觸，這是常用的溫和而有效的方式。

2.通過視線洞悉談判者心理

性為內，情為外，性為體，情為用，性受外來的刺激，發而為情。深層心理中的欲望和感情，首先反應在視線上，視線的移動方向、集中程度等都表達不同的心理狀態。

觀察視線的變化，有助於人與人之間的交流，也有助於在商業交往和談判中取得心理優勢。對方長時間凝視你，目光久久不移開時，說明他肯定對你隱瞞了事情。這種情形一般是曾經向你借過什麼東西，由於無法償還而在躲避，或過去曾被人欺騙過，不希望讓你知道等等諸如此類的情況，所以在潛意識裏有隱瞞事實的表現，生怕你識破他的內心。

●在談話的過程中，把視線焦點集中在對方的人，表示說話內容為自己所強調，希望引起對方注意，並能及時做出回應。

●初次見面的時候，先移開視線的人，大多是想在心理上取得優勢地位。當發現被對方注視的時候，就立刻避開對方的視線，將目光轉向別處，這種人心中有強烈自卑感，自認為比不上對方。

●對異性看了一眼後，便故意轉移目光，表示對對方有著強烈的興趣，有追求異性的欲望，但不敢讓對方知道。

●喜歡斜眼看對方者，雖然極為關心對方，卻不願被對方知道自己的心思。

●往上仰望對方的人，表示對對方懷有尊敬和信賴之心。

●俯視對方者，希望在對方心中保持威嚴的形象。

●視線游移，不敢久看對方者，大多性格比較內向，或者是心不在焉。

●視線左右移動的人，表示正在冥思苦想。

- 視線的方向改變迅速的人，表示此人心中有強烈的不安或恐懼心理。
- 在談話的過程中，視線突然朝下的人，表示轉入沉思狀態，希望儘快整理出思緒。
- 視線不停地移動，但卻有規律地眨眼，表示思考已有了頭緒。
- 對方的眼神四處張望時，一有機會就立刻會轉移目標，這說明他的心已不在這裏。
- 對方似乎不屑一顧時，是對你的話題抱有興趣，卻有些怕羞。
- 當對方的眼睛看遠方時，表示對你的談話不感興趣或在考慮別的事情，或是因時間關係，想離開此地。總之，他想儘快結束這一話題。
- 對方的眼睛上下左右不停地轉，表現出慌張時，可能是懼怕你而在說謊。這類人多半是心裏有一定的難處，為了不失去別人的信任和幫助，而對某些事情真相有所隱瞞。
- 對方根本不看你，可視為對方對你不感興趣或無親近感。
- 目不轉睛地注視對方談話的人，一般較為誠實。

總之，商場如戰場，只有在商業交往和談判中，通過眼神準確洞悉對方心理，才會獲取心理優勢，永處不敗之地。

3. 識別對方的謊言

美國一名心理學家稱，人是愛講謊話的動物，而且比自己所意識到的講得更多，平均每日最少說謊廿五次。麻省理工大學社會心理學家費爾德曼認為，謊言有不同層次之分，而說謊的動機可歸為三大類。

第一類是「**正性謊言**」，也就是指一些對生活造成有利影響的謊言，正如社會心理學家費爾德曼針對這類謊言解釋道：「懂得在適當的時候撒謊或扭曲事實，是待人接物的技巧。」

第二類是「**中性謊言**」，這些謊言很多不受意識支配，或者說了也不會對自己或他人造成不利。

第三類是「**負性謊言**」，這類謊言會對自己或他人造成不利。

在商業交往和談判中，謊言出現的頻率極高。在初次見面的時候，對方說「久仰大名」、「你的這條領帶真漂亮」就可能只是一種「正性謊言」或「中性謊言」。

當然，對於這些不會影響到談判實質內容的東西，我們大可不必在意。然而，當在談判桌上談到正題的時候，又該如何判斷對方的話哪句是真、哪句是假呢？心理學家可以借你一雙慧眼。

心理學家研究發現，說謊時一般出現下列症狀：瞳孔膨脹；聲量和聲調突變；笑容較少；眨眼太多；頻頻聳肩（主要指西方人）；眼神接觸出奇的多或少；說話中帶有較多停頓、假裝清喉嚨、中間穿插「嗯」等語氣詞；經常摸鼻子；頻頻吞咽等。說話時音調升高、老愛觸摸自己，很可能暗示這個人在撒謊。說謊的人在說明觀點時手臂姿勢比平常用得更少。

此外心理學家指出，識別謊言的一個關鍵線索就是微笑。說謊人的微笑很少表現出真實的情感，更多的是為了掩飾內心的感情世界。研究顯示，微笑並伴隨著較高的說話音調是說謊者的最主要的特徵。

4. 肢體動作「出賣」說謊者

世界上沒有看不穿的謊言，行為心理學家認為，我們不僅可以從一個人的笑容識別其話語的真實性，更可以通過其肢體動作看出其話語的真實性。因為說謊是一種複雜的行為，要做到讓人相信，需要動員全身的器官共同「演戲」。一般來說，無論一個人的說謊技術如何高明，他的肢體都會「出賣」他。因此，善於觀察的人，光看一個人的動作，就可以斷定對方是不是在說謊。在談判桌上，當發現對方有以下任一動作時，你就需要長個心眼，綜合各種已知資訊判斷對方是否是在說謊。

(1) 遮掩嘴巴

當有人在與你說話時，不自覺地時常出現用手護著嘴的動作。當說到與之相關的關鍵點時，有人甚至有意假咳嗽以便用手來遮嘴，這時你就要對這人說話的真實性多加留意。這時候，也許他在說謊，結合前後的交往，你就會不難作出準確判斷。

(2) 捏鼻梁

比爾先生是美國的一位行為心理學家，他曾專門對應聘面試人員的現場表現做過全方位的觀察和調查。在他的一本書中，有這樣的敘述：

我把一次應聘面試的場景錄了影，在重播錄影帶時，其中一位應聘者在被問了一個問題後，突然用手遮嘴而且連帶摸鼻子。

在這之前，這位應聘者一直保持著開放的姿勢，外套敞著，兩手擺放自然，而且在回答問題時身體前傾，從以上的體態中，根本看不出有負面的語言資訊。所以，起初我們以為他的這一動作可能是面部有不適感的一種本能反應。但通過繼續觀察，在回答完那一問題後，他又恢復到開放的姿勢。

事後問他在回答那個問題時，自己的手部動作自己意識到了嗎？是正巧鼻子部分有不適的感覺嗎？他說自己是下意識的，當時鼻子並沒有不適，只是面對那個問題，一時有兩種反應，一種是正面的，一種是負面的。

正當他在想負面答案以及對方的可能反應時，就控制不住的用手遮嘴和摸鼻子。後來決定正面回答時，手自覺離開了臉部，又回到了開放的姿勢。

通過這段敘述我們不難看出，在說話的過程中捏鼻梁正是一種內心處於矛盾，並企圖掩飾弱點的一種表現。

(3) 摸鼻子

行為學家的研究表明，一個人在說謊時，鼻子的神經末梢就會被刺痛，摩擦鼻子能夠緩解這種不舒服的感覺。另一種說法認為，當比較壞的想法進入大腦之後，人就會下意識地指示手去遮住嘴，但又怕表現得太明顯，因此會就勢在鼻子上觸摸一下。

一般而言，摸鼻子的動作出現在說話者身上表示欺騙，出現在聽話者身上則表示對說話者的懷疑。

(4) 揉眼睛

眼睛是心靈的窗口，人的許多秘密都會通過這個窗口流露出來。因此許多說謊的人為了避免被別人發現自己內心的脆弱，會採用這種姿勢來阻擋自己的欺詐、懷疑和謊言。還有一些人在向別人說謊時避免注視對方的臉。男人常常會用力揉眼睛，假如是撒個彌天大謊，心中有一些忐忑，他還會把視線轉往別處，通常是望著地下。女人在說謊時，則喜歡在眼瞼下方輕輕摸一下。

(5) 搔脖子

有研究表明，人們在說謊時，會引起敏感的面部和頸部組織的刺痛感，而必須用揉或抓來緩解。還有研究表明，說謊的人在感到對方懷疑時，脖子往往會冒汗。只要對這種姿勢進行觀察，我們可以發現這樣一個規律：人們由於內心的躁動，會用手去搔脖子，每次大約搔五下，很少超過或少於五下的。搔脖子表明行為者對所面對的事情有所懷疑或不肯定，這時，你就要避免輕信他的話。

(6) 摸耳朵

有的人在撒謊時，通常會下意識地撫摸自己的耳朵，就如孩童雙手掩著兩耳的姿勢一樣。除了摸耳朵之外，也有人會揉耳背、拉耳垂，或把整隻耳朵拗向前面掩住耳孔。當然這種動作也常常能反映說話者的害羞或緊張情緒。

總之，說謊者在撒謊的同時，常常會有一些下意識的小動作。並且說謊水準越高的人，越會運用小動作製造假象，迷惑對方。

5.從「小動作」看談判對象的心理

在商業交往和談判的過程中，你有可能發現對方許多不經意的小動作，這時候，你完全可以從小動作中看出對方的心理活動。

在交談中，如果對方口若懸河、滔滔不絕且搖頭晃腦，表明這種人特別自信，以至於唯我獨尊。他們有很強的表現欲，在社交場合會用恰當的方式表現自己。這種人有理想，對事業懷有樂觀主義態度，一往無前的精神也頗受人賞識。

在一些場合中，有人有意無意地咬自己的食指，或者摸眼鏡腿、筆之類的東西。行為心理學家戴斯蒙·莫里斯博士經過觀察和研究，發現這是一種下意識行為。咬東西這種不自覺地行為，暗示的是此人此時內心缺少安全感，想得到理解和肯定。

另外，他們做出這樣的動作，也是為了掩飾自己惡化的情緒。例如以下幾種情況：

(1)對方出現抓耳朵的小動作

古語云：「非禮勿聽」，就是想避免不好的語言資訊傳進耳朵的意思。打個比方說，小孩子不想聽父母的嘮叨時，就用雙手掩住耳朵。而成年人聽人講話時的抓耳朵動作，就是從這種兒時的動作演變而來的，只不過更具隱蔽性罷了。當有人面對你做出抓耳朵的動作時，極有可能表示他對你的言談失去了興趣，有想要阻止談話的意思。

(2)攤開雙手

這是大多數人表示真誠與公開的一個常用姿勢。當遇到挫折時，將攤開的手放在胸前，做出「你要我怎麼辦」的姿態。另外，這種動作還表示一種攤牌的意思，即「我也沒有辦法，你看著辦吧！」

(3)用手撫摸或抓下巴

有的人在煩躁的時候會用手撫摸或抓下巴，這樣的人多比較圓滑、世故和老練，處理問題能夠比其他人更客觀、更理智。撫摸下巴是一種鎮定自我的方法，意圖是避免或克制自己感情衝動、意氣用事，同時也是在思考下一步的對策。

6.交換名片中的心理學

在現代商業交往和談判中，互換名片是一種常見的建立關係的方式。誠如心埋學所言，人的任何行為都是在一定心理活動的驅動下進行的。在交換名片的過程中，我們也可以窺探對方的心理活動。

名片交換是重要的商業交際管道，它可以向對方表示尊重，也可以增進雙方瞭解，在任何時候都應引起重視。

在交換名片時，附記時間、地點的人，頭腦靈活，興趣廣泛，能出主意。這類人心細、認真，能廣交朋友。同時持有兩張名片的人，一般都深謀遠慮。這類人多有創新精神，往往能有超出常規的壯舉。

經常以「名片用完了」之類的話表示歉意者，多對生活和事業缺乏長遠計畫，為人較為輕率。同時，會使另一方心裏「犯嘀咕」，對這個人產生戒備心理。

也有人會經常若無其事地掏出一大堆別人的名片來，誇耀自己同這些人如何如何要好；有的人還抓出大把不經整理的名片，從中東翻西找尋找自己的名片。這類人大多屬於以自我為中心的類型，活動能力強，口才好，能討人喜歡；同時這種人精力充沛，有魄力，但卻過分注重外表。

不斷試探顧客的底牌

談生意就像下棋，棋局一開你就要佔據有利位置。做生意的目的是要達成生意人與客戶的雙贏，然而顧客想要的是最低價，身為生意人的你肯定想要最高價。想從客戶的口袋裏掏出錢來裝進自己的腰包，就要看你的談判功力如何。如何既能在談判桌上獲勝，同時又讓顧客覺得是他贏了呢？

報價是談判過程中重要的部分，而報價是有一定的語言技巧的，你要不斷地試探，不要讓顧客覺得自己的心理價格和你所報的價格相差太大，否則就有可能嚇跑你的顧客。

在你和顧客談判的過程中，不斷引導和用語言試探是一個很有效的策略。因為在客戶面前晃來晃去的價值，就是像誘餌一樣使他們想要獲得更多的資訊。

如果客戶開口詢問，你就達到了主要的目的：成功地引起了客戶對你產品的興趣，使客戶主動邀請你進一步討論他們的需求和你所能提供的解決方案。這種技巧實際上就是，利用刺激性的問題提供部分資訊，讓客戶看到價值的「冰山一角」。好的開始等於成功的一半，你向客戶提到價格時，的確是需要花費大把的精力和時間來思考的。

先用試探性的語言看對方到底關不關心你所說的事情，然後循序漸進地一層一層地深入客戶的內心，瞭解他的底牌。因為顧客並不知道你的價格底線是多少，也猜不出你接下來的談判策略是什麼，所以依然會認定你是在漫天要價，一定會在價格上與你針鋒相對，直到接近或者低於你的價格底線。

談判由四個主要因素組成：你的報價和對方的還價，你的底牌與對方的底牌。報價和還價隨著談判的深入會逐漸清晰，而在整個談判過程中，雙方都會揣摩、推測、試探對方的底牌，這是心理、智慧、技巧的綜合較量，所以出現何等情況都不要輕易亮出你的底價。

通過運用開價一定要高於實際價格的原則，在談判的開局可以起到擴大談判空間的作用。當然，報價一定要維持在合理的範圍內。另外，較高的報價需要有令人信服的理由支持，從而增加其附加價值。

價格雖然不是談判的全部，但毫無疑問，有關價格的討論依然是談判的主要組成部分。在任何一次商務談判中，價格的協商通常會佔據百分之七十以上的時間，很多沒有結局的談判也往往是價格上的分歧導致不歡而散。

簡單來說，賣方希望以較高的價格成交，買方則期盼以較低的價格合作，這是一個普遍規律，它存在於任何領域的談判中。雖然聽起來很容易，但在實際的談判中能夠做到雙方都滿意，最終達到雙贏的局面卻是困難的事情，這就需要你的談判技巧和策略，尤其第一次報價尤為關鍵。

然而報價並不是一成不變的，你可以根據不同的客戶或管道採取不同的報價。能夠以較高的報價成交並不是不可能，但是這需要你瞭解客戶的接受能力。

有的生意人為了省事，怕和顧客一來二去地討價還價，所以會乾脆地把自己的價格讓到最低。顧客這時可能就要問了：價格低了東西就好嗎？答案是否定的。因為商品的定價是由生產成本、人力成本、企業戰略、銷售管道等諸多因素決定的，沒有人選購商品時會花費大量的時間和精力去分析這些因素，所以判斷產品價值的第一指標恐怕還是售價。

高價會給人一種產品更好的感覺，人們多半相信高價錢一定會有高價值的理由，正所謂「一分錢一分貨」。

生活習慣透露的訊息

生意人應具備的技巧就是如何從客戶的外表、言談舉止、生活習慣等與銷售密切相關的事物中看出客戶的性格，判斷客戶的需求，並根據客戶的具體情況給出具體的應對策略，使自己「知己知彼，百戰百勝」。人與人都是不一樣的，有不一樣的需求，不一樣的生活習慣。然而正是從這種不一樣中，你便能看出他所需要的是什麼，心裏想的是什麼。一般生意人會從以下幾個方面來解讀客戶的心理：

1.從抽菸看客戶的性格特徵

邊走路邊抽菸的人有自己的做事原則和獨到的見解，喜歡直截了當地解決遇到的難題；在與人交談中抽菸的人喜歡獨立思考，凡事要瞭解透徹後才做決定；飯後抽菸的人性格開朗、遇事樂觀，是個有耐心且容易溝通的人。

2. 從「吃」中看客戶的性格

有的客戶儘管是與你初次見面，但是並不會掩飾自己的吃相。大口吃飯，毫不拘謹的客戶，是有魄力、做事斬釘截鐵、不喜歡拖泥帶水的人，他們一旦認可你的產品就會直接成交，不會製造一些繁瑣的考察、研究之類的事情出來；遇見吃相斯文的客戶你就要小心行事了，你要注意話該不該說，要怎麼說，因為這類客戶都不把自己的感情直接表達出來，可謂城府很深。

3. 從握手看客戶的深層心理

握手是基本禮儀，從這一點上更容易看出客戶的心理特徵。握手有深有淺，有輕有重。握手深而且重的客戶是比較容易接觸的，他們大多為人很豪爽，沒有過多的忌諱。握手淺而且輕的客戶一般都是比較禮貌的，但是有自己獨特的思維，一旦他們覺得你的產品對自己沒有用，你再怎麼說都很難說動。對待這種客戶不要試圖去左右他的思想，而是要留出足夠的時間來讓他自己想清楚。

4.從付款方式看客戶的人品

從客戶的付款方式也很容易看出這個人的人品。付現金的客戶一般都是全面規劃的客戶，這種客戶做事一般都小心翼翼，而且為人比較正直，可謂是一手交錢一手交貨，你我彼此不相欠；刷卡的客戶相對來說容易衝動，這類人的生意也是最好做的，因為持卡者一般都只根據自己的主觀意識來做決定。

5.從點菜看客戶的心理

做生意陪客戶吃飯是常有的事情，而讓客人點菜也是一種禮貌，這種禮貌可以讓你知道他是不是有從眾心理。

如果客戶點的並不是當時餐廳裏的招牌菜，而是自己比較喜歡而且是自己常吃的菜，那就證明他是一個有主見的人。而如果客人一進去就點招牌菜，那麼很明顯這個客戶是很容易被別人的思想左右的人。哪種菜點的人多，就證明好吃，這是客戶的心理，因為他相信買的人多的產品就是好產品。

6.煩躁不安的時刻最見客戶的城府

在與客戶的溝通過程中，你難免要對自己的產品做一番演示或是講解，這時從客戶的舉動就能看出這位客戶的城府。你可以通過眼神、動作來區別。

有的客戶雖然一直在規規矩矩地聽你說，可是他的眼睛卻時不時地轉移到別的地方，這就說明這個人城府很深，因為他明明不想聽，卻還要裝出一副很專注的樣子，有的是出於禮貌，有的就是敷衍了。

而有的客戶在你講解的時候眼睛並不看你，而是不停地看你帶來的樣章或是看你的產品，那麼這個客戶是一個大開大合的顧客，因為他內心的想法直接就從自己的眼睛和動作中表達出來了。

當然了，以上只是平常比較常見的情形，另外也可以從別的方面對客戶進行觀察。

日常生活中很多人都喜歡物美價廉的東西，鍾情於有保障的東西，因此可以將這些生活習慣和心理進行分析。

用小恩小惠作誘餌，套牢顧客

貪小便宜是人性的弱點，所以一定要利用各種節假日時人們的不同心態給予客戶各種優惠，並且針對不同的消費人群制訂出不同的特價方案。比如：超市辦積點卡，化妝品買二贈一……因此，商家在不同的節日，會做出不同的促銷方案，以便引來更多的客戶。消費者這種愛占小便宜的心理，主要來源於其經濟條件的有限性和需求的無限性的對立統一，期望用最優惠的價格，享受到最好的美容服務或少花錢得到更多的服務，這是消費者的普遍心理。

所以，做生意的人千萬不要做「鐵公雞」，要經常讓些小利給顧客。讓好處於別人，看上去像吃了點虧，但從長遠看並非吃虧。給客戶優惠要給得巧妙，否則就難以收到預期效果。所謂巧妙，其實質就在於要抓住顧客的需求給予他想要的東西。如旅店免費為顧客提供生活用品，飯店為顧客無償提供茶水等，都是給予顧客需要的服務。再如有的商店送貨上門、免費維修等，也是滿足顧客需求的做法。

第二章

掌握品牌戰術——

做生意要學會把握顧客「品牌」心理

品牌是顧客的一種心理需求，是生意成功的助推器。
它雖然不能從真正意義上提升商品的價值，
卻能讓顧客感覺到商品性價比的升高。
一旦把握好顧客的品牌心理，用品牌來迎合他們的胃口，
就能讓產品有更好的市場和更大的消費群，
從而讓生意的開展更加順暢。

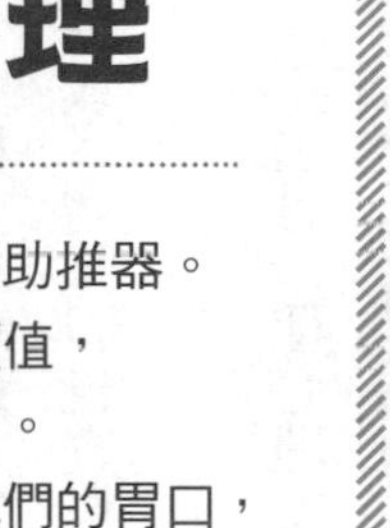

品牌，生意成功的關鍵

不同客戶的購買心理是不一樣的，做生意成功的秘訣其實就在於抓住客戶的心理。只有抓住客戶的心理，你才能投其所好，更好地把握與客戶合作的機會。也許在你和客戶談生意之前，通過對客戶的資料搜集和整理，你可以輕易地分析出客戶的購買能力和他是否真心想與你做生意。但是如果你只做到這些，卻不瞭解客戶的消費心理，就算你能找到目標客戶，最終你們的生意也很難做成。

其實，客戶的心理也不難摸透，許多客戶除了關注產品的價格，還關心產品的品牌。面對客戶的這種心理，許多商家都採用了多種方式來提升自家產品的品牌價值，以此來勾起客戶的消費欲望。比如利用名人效應或者增強廣告宣傳等，這些方式都能在無形中提高客戶的購買欲。

許多客戶購買品牌產品的時候，他們買的不過是一種心理安慰。品牌在他們看來不僅是品質的保證，更是一種身分和地位的象徵，它能夠給客戶帶來一種潛在的附加值。

在客戶準備購買品牌商品時，他自己能感覺到身分和地位等提高了一個層次，這是一種心理上的滿足，就像許多人在喝可樂的時候，並不見得是為了解渴或多想喝，而是在無意識地滿足自己享受國際文化的心理。還有不少客戶買一些品牌的東西並不是出於自己需要，也不是想送人，而是買給周圍的人看。在這種強烈的虛榮心理的驅動下，客戶的消費能力有時甚至會超過他們的支付能力。所以在和對方談生意的時候，你就可以利用客戶喜歡品牌的虛榮心來促成合作。有時和你談生意的人可能對價格不是很敏感，而是重視產品的品牌、品質和服務的態度，重視在購買產品時得到的享受。

在談生意的時候，你就要抓住他們的這種心理，著重說你產品的優越性，即使你的產品只是某個部件是某個名牌產品或者被哪個小有名氣的人使用過，你也要清楚地告訴對方，這樣對方就很容易相信你的產品的品質，對你的產品放心。

一種產品形成品牌的原因有兩種：

一方面可能是購買的人比較多，所以該產品在客戶的腦海中形成了品牌的印象。

另一方面則可能是客戶的對手或者崇拜的人用了這種產品，他便會覺得這就是一種品牌，而且很可能會鍾情於這個品牌，雖然他可能不會永遠買這個牌子的產品，但至少在買同樣的東西時，會考慮到這個牌子。

為了與客戶做成生意，你先要為自己的產品做好廣告宣傳，提高產品的知名度，讓客戶對你們的產品有一個初步的品牌印象，這也是每個商家都會花費鉅資投放在廣告或網路中為產品做宣傳的原因，一旦產品有了好的口碑，客戶就會很信任這種產品。

不過，你也得明白，品牌的意義在於它的品質保障、市場空間大和與眾不同。在和客戶談生意前，你必須得保證自己產品的特殊性和品質。而與眾不同是指產品的特性必須有不同於其他同類產品的地方，但是又有其實用的意義。如果沒有實用價值，即使你說得天花亂墜，產品也不可能被客戶接受。只有達到這三點，你才可以利用客戶的品牌心理對他進行誘導，否則你們之間的合作很可能付諸流水。

解讀消費者的品牌心理

塑造品牌需要一個過程，而消費者品牌心理的形成也需要一個很長的過程，這個過程其實就是消費者認同此類產品的過程。

消費者一旦認同這個產品，並開始傳播這類產品，品牌就算塑造成功了。現在的品牌對於消費者來說，已經不僅僅是一個簡單的商品標誌，在消費者眼中，它已經成為一種價值的代表。

如果你能瞭解客戶是怎樣開始知曉並發現品牌到後來信任品牌的過程的話，和客戶談起生意來，就能夠根據對他心理的瞭解，實施不同的談判策略。

1. 瞭解品牌

提起品牌產品，帶給人們的往往是一種信任感和安全感，它的品質和價值在人們心中是值得信賴的，除此之外，它還可以給人們帶來一種心理上的滿足感和榮譽感。

如果在購買前不知道所用的東西是某個大品牌，也許人們並不會特意去關注它，如果在購買之前就知道它是某個品牌，客戶就會放棄購買前的疑慮去選擇它。

而且客戶可能還會有一種獵奇心理，想看看這種產品是不是像人們所傳誦的那麼好。這也就是消費者瞭解一個品牌的動機。

2.體驗品牌

一個肉食加工廠在進軍市場時，把一種當地並不熟悉的食品賣得非常好，因為他們懂得把產品的優越性展示出來，他們靠現場展示和品嘗讓在場的客戶認可這種產品。這種現場展示的方法主要有三個作用：首先，可以聚集人氣；其次，展示會讓在場的客戶瞭解了肉製品的加工工藝；最後，他們公司香氣四溢的肉食吸引了大量的試吃者，吃過的人都對這種食品讚不絕口。這個肉食加工廠只辦了一次展示會，就打敗了一些僅在電視做廣告的產品，輕而易舉地獲得了成功。

3.感受和享受品牌

品牌代表的是一種個性和品味，也代表了當今社會的流行趨勢，消費者在購買了品牌產品後，將會無意識地去品味和享受這個產品，同時也會把自己的性格和興趣與品牌對稱起來。就像巴黎給人的感覺一樣，在你沒去巴黎之前，它是法國的首都，一旦踏上那片土地，它就代表著一種時尚和文化。

4.向他人傳播品牌

人是群居動物，同時也是一種喜歡炫耀的動物。你會發現，如果某人是哪個品牌的忠實擁護者，他就會像傳教士一樣對人們說此類產品如何與眾不同，甚至包括它的發展史都會成為他們傳播的話題。其實這也正是品牌樹立口碑的過程，當更多人知道這種產品的時候，品牌就成了真正的品牌。

品牌背後的消費心理

從人們的消費歷史來看，感性消費似乎是一個必然的階段，也是人們消費心埋發展的一種規律，而影響或者誘使他們購買商品的原因，就是它的精神附加值或者商品文化，而品牌商品具有的正是這方面的內涵。

人們所說的「喜歡」其實不過是一種感覺，他們對產品帶來的附加值的注意，已經遠遠超出了對商品的現實意義和使用價值的注意，對人們來說，買「喜歡」的東西只是在誇耀或突出自己的個性。

這種現象證明了在這個感性消費的社會裏，人們更重視的是一種精神上的滿足，而購買品牌產品，則正好滿足了人們的這種心理需求。

如果你做的產品是某個品牌，那你首先要明確一點，品牌本身就是一種資本。品牌的價值雖然是無形的，但對客戶的影響力卻是巨大的，如果把握好客戶對待品牌的心理，你和客戶談的生意馬上就能走上正軌。

因為品牌意味著以下幾層意思：

● **品牌從法律上來說是一種商標**。也就是說品牌是具有法律內涵的，證明該產品有使用權、所有權等權利，這個品牌被法律認可。人們普遍認為被法律認可的東西有一定的保障性。

● **品牌本身就是一塊金字招牌**。從市場的角度來看，品牌代表著商品本身的性能、附加價值還有其文化內涵，人們喜歡購買品牌商品，是因為對客戶來說是件很有面子的事。

● **好品牌就有好口碑**。好品牌代表的是一種格調或品味。品牌的這個作用就是從人們心理上來說的，使用品牌的人往往習慣於強調品牌的名譽或者層次，使用品牌能滿足他們虛榮的心理。

品牌產品有以下四種特徵：

(1)**品牌有文化內涵**。大多數品牌都開創於特殊的文化氛圍中，這是一種無形的文化特色，品牌不僅代表著產品，它還是一種傳播文化的載體。這種文化是指品牌設計的價值體系，文化特徵是品牌的核心內容，例如，賓士車體現了德國人講究秩序的一面，這就是一種文化的體現。

(2)**品牌有自己的品性**。品性是人們由產品本身可以聯想到的東西和產品本身的實用價值的總和。一般的品牌除了產品品質之外，也都很注重包裝，比如可口可樂，品質本身是無可挑剔的，連裝可樂的瓶子都給人一種懷舊的感覺，人們在潛意識裏，買的不僅是可樂，還有這種感覺。

(3)**品牌都有自己的個性**。每個品牌都有自己不同於其他商品的地方，這就是品牌的個性。品牌的個性往往是通過廣告來宣傳和強化的，當人們看到廣告中突出的商品特點，就會關注它的特質。

(4)**品牌是身分的象徵**。人們的地位也許不會因為某個品牌而改變，但是品牌卻常常從某個方面反映著人們的形象和價值，這讓許多人傾向於品牌。在人們看來，品牌其實就是一種無聲的語言，是一種身分的象徵。

好創意造就好品牌

塑造一個品牌需要有好的創意，一個好的創意往往是吸引客戶購買產品的主要原因，他們會選擇與其他同類產品有所不同的產品來彰顯自己的個性，如果你的產品創意得到客戶的認可，那麼接下來的談判就不需要你費什麼力氣了，因為好創意已經為你贏得了客戶的心。

客戶需要某種產品時往往有許多選擇的機會，如果你的產品沒有任何與眾不同的地方，客戶就覺得沒有必要選擇你的產品，此時，你們的生意就很難繼續下去。而如果你的品牌有與其他產品不同的地方，則會讓客戶感覺耳目一新，這種好創意常常能提高客戶購買的欲望。不過，你要先讓自己的產品對客戶的胃口，這樣才能利用客戶的這種心理談成生意。

許多商家都知道創新對品牌的重要性，但往往創新的效果不是很好，雖然廣告宣傳足夠多，卻沒引起客戶的共鳴，有些產品甚至讓客戶反感。

一個品牌之所以被認可，就是因為商家看透了客戶的需求心理，準確地分析了客戶的購買動機，這些廠家成功地通過對客戶的價值觀和情感方面的分析，發現了產品創新的突破口，即你需要什麼，我的產品便有什麼。當然這並不是件容易的事，它能考驗你是否真正瞭解客戶的需要及購買能力。

做品牌不要陷入「費力不討好」的怪圈中。雖然品牌和宣傳密切相關，但是你也不能只關注宣傳。如果一味地追求品牌的與眾不同，有時可能會在無意中走進「死胡同」，忘記宣傳的本意，只為宣傳而宣傳。你要對症下藥，具體分析客戶更需要的是商品的品質還是純粹的心理滿足。

此外，如果你的產品沒有一個準確的定位，一會兒主題向東，一會兒主題向西，含糊不清的商品概念會讓客戶倒足胃口。這樣一來，客戶就很難認可這個品牌，如果客戶抱著這種態度，你的生意就很難繼續下去。

讓客戶對你的品牌動心

有一位著名的企業家曾經說過：一個企業沒有品牌，它就沒有生命力。

由此可見，品牌對一個企業的發展十分重要。一種商品的品牌價值已經超越了商品本身的價值，好品牌能為企業樹立良好的形象，幫企業不斷地擴張市場。但是好品牌總要經過一個向外推廣的過程，才能讓客戶認識到這個品牌，此時就涉及到品牌的宣傳工作，宣傳得好，才能擴大品牌的知名度。想發揮品牌對客戶的影響力，在對品牌的宣傳中，要注意以下幾點：

1.加大市場出現率

當一種產品經常出現在消費者眼前時，消費者無意中就會認識到這個品牌，如果該產品比同類產品略高一籌的話，消費者就會願意購買此類產品，並且極易忠誠於該品牌的其他產品。所以不妨讓你所做的產品常出現在客戶眼前，以此來提高產品的知名度。

2.提高產品的附加值

具有某種意義的產品是消費者的首選，如果產品帶有什麼文化內涵或者其他方面的附加值，你一定要讓客戶多瞭解。這樣，他們才會心甘情願掏腰包購買你的產品。

3.做好宣傳工作

品牌一旦形成自己的風格，就會在人們的心中紮根，而一種好商品剛上市，想被人們接受，就要做好宣傳工作。客戶之所以對你的產品動心，關鍵在於你把產品宣傳到他們心裏，不管是無形還是有形的宣傳，都要滿足客戶的心理需求。做生意就是這樣，要讓客戶購買你的產品，就得讓他先瞭解你的產品，對你的產品有初步的印象，這時你才能通過說服或其他方法讓客戶接受你的產品。如果在你與客戶談判前，他根本不瞭解你的產品，這樣做起生意來會很吃力。

明確的客戶定位是品牌宣傳的策略之一。做生意和打仗差不多，都需要一個好的戰略方案，如果你的產品還不是品牌產品，就要提早為它做宣傳，儘快讓它成為品牌產品。宣傳預算，就是要解決客戶不瞭解產品、不購買產品的問題。產品年度的宣傳計畫聽起來是不可能完成的任務，但許多公司其實都在實行。當然，計畫具體到每個月要花多少錢是不可能的，即使算出來，也沒有人會相信這些數字，因為其中總會有些變動。

在宣傳過程中，如果宣傳本身脫離了生意，只做品牌，那是沒有一點意義的。品牌有獨立性，但並不能獨立運行，只打出好品牌的宣傳，卻沒有好品牌的實質，如此一來，客戶上一次當就不會再購買此類產品了，沒有人願意上兩次當。

換種方式，讓客戶動心

當一個女人被人形容為「肥」時，她內心肯定會感到不滿，然而，如果用「豐滿」形容她，她則會感到高興。同樣，用「老」去形容一個人，常讓人內心產生抵觸的情緒，而改用「成熟」則可以給人以自豪感。其實，這是因為不同的表達方式能給人不同的代入感所致。而品牌實際就是一種代入感極強的生意手段或商道。

品牌是需要感覺的，不僅需要生意人自身的創意感覺，同時還需要消費者的代入感覺。品牌只有把消費者吸引住，讓消費者的思緒與心靈代入品牌感覺中，才能真正地體會品牌的內涵，並且產生長久的信賴。這也是很多商家做生意要做品牌的原因。

事實上，任何品牌都離不開心理氛圍的營造，只有營造出獨有的心理氛圍，才能讓消費者得到不一樣的感覺，也才能撥動他們的心靈之弦。

做生意要做品牌，而做品牌，則要營造不一樣的心理氛圍，給人不一樣的感覺。成功的品牌必定是別有風味的，必定是能夠讓消費者享受到與眾不同的感覺的。感覺定位是品牌塑造的重要一環，要塑造品牌，商家就不可忽視消費者的感覺。沒有定位的品牌不能準確傳達內涵，更不可能引起消費者的興趣。

在品牌的建立過程中，千萬不要撥錯了消費者的心弦，那樣只會把生意搞砸。生意人永遠要記住，不要去觸動消費者的禁忌心事，否則只會讓消費者對你產生憎惡之心。就好像「豐滿」的說法，總是要比「肥」或「胖」更得人心。當消費者面對一個品牌時，就會把自己代入其中，如果品牌給他的印象不好，那麼他就會失去對這個品牌的興趣，甚至對該品牌敬而遠之。

品牌定位，讓客戶追隨你

在商業快速發展的今天，品牌之路已經成為每個生意人都需要思考的問題。無論是生意的成長、發展，還是競爭、突破，品牌建設作為一條重要道路，給了人們更多的希望。在品牌建設中，品牌的定位非常重要。如果品牌缺乏必要的定位，是很難成長起來的，因為品牌定位給顧客認同感。然而要準確定位品牌並不容易，首先應該認識到品牌內涵的差異化，唯有不同的品牌內涵才能讓品牌異軍突起。

百事可樂與可口可樂是一對冤家，彼此之間進行了多次商戰，而如今，二者已經成為世界上兩大知名品牌。但是在一九七二年前，百事可樂根本不是可口可樂的對手，事實上，當時很少有人知道百事可樂。

一九七二年，波塔什任百事公司廣告部高級副總裁，他開始為「百事」打造獨特的品牌精神。在波塔什的品牌解讀中，「百事」永不褪色的年輕味道和凸現個性的精神氣息模糊了人們彼此的年齡界限，讓消費者得到了非同一般的心靈體驗。很多人認為波塔什創意的意義就是為可口可樂製造了一個真正的對手。其實不僅如此，波塔什成功的品牌運營誕生了一種新的生意成長方法——依靠品牌的異軍突起贏得顧客的認同，戰勝自己的對手。

在一九四〇年代，百事曾經打出「五分錢買雙份」的促銷廣告，讓可口可樂手忙腳亂了一陣，但是由於這二者在色澤、配方、口味上都非常相似，百事作為「後來者」總是無法顛覆可口可樂的「正統」形象，因此，一直被強勢的可口可樂壓制著。

面對品牌發展的困境以及缺乏市場的現狀，波塔什認為應該從品牌定位入手，找到市場縫隙，進而贏得消費者的認同，才能挺進市場，獲得品牌的突破。極富洞察力的波塔什對「可口可樂」品牌內涵進行了細緻而深入的分析，他認為「可口可樂」的定位是「老成、保守、遲鈍」，代表的是美國正統的社會心理。於是波塔什巧妙定位，決定以「青春活力」為主題，把「百事可樂」的品牌定位於「年輕一代」。

首先，波塔什轉變過去「品牌宣傳注重產品本身」的思維，認為品牌的宣傳應聚焦於顧客。品牌只有關注顧客，才能更好地解讀顧客的心理，才能給顧客更好的消費體驗與享受。如果不把「百事可樂」當成飲料，而是把它作為性格的表達方式，那麼消費者就會很快對「百事可樂」產生好感，因為這樣已經消除了消費者與品牌之間的障礙——飲料概念，使得消費者直接與品牌進行心理溝通，這樣就能迅速喚起消費者的認同。

實際上，這種理念已經不是銷售飲料，而是在交流、談心；也不是身體的體驗，而是讓消費者擁有全新的心理體驗。由此，「動起來！你是百事一代！」的口號應運而生。在品牌宣傳中，「百事可樂」宣導一種年輕而張揚的生活方式。「年輕、活力、動感」的消費體驗模糊了人們的年齡概念，讓消費者得到「只要心靈年輕，就永遠年輕」的心理概念。

一時之間，百事可樂的銷售量迅速上升，而百事可樂的消費者則被稱作「百事一代」。一九八一年，波塔什接受《紐約時報》採訪時表示：「百事之後，再也沒人膽敢給一代人冠名。」而「百事可樂」的品牌自此成為了「青春活力」的代名詞。此後數十年來，百事可樂幾乎一直沿襲著波塔什所勾畫的戰略，從「新一代的選擇」到「渴望無限」，這些都是「百事一代」內涵的不斷延伸。

毋庸置疑，百事可樂的突破源自於品牌的準確定位，最為重要的是，「百事一代」不僅造就了百事可樂今日的氣象，而且還對可口可樂的正統形象產生了影響，使得可口可樂也越來越傾向於「青春活力」。「百事可樂」品牌定位的強勢吸引效果就是由顧客認同感的改變所造成的。顧客的內心已經被「青春活力」所征服，波塔什自此影響了一代又一代人的消費體驗，真正地把「百事可樂」的品牌價值觀植入到了消費者的心中。

品牌的建設離不開品牌定位，而準確且良好的品牌定位不僅能夠得到消費者的認同，讓自己的生意得到突破，還能夠對生意對手的品牌造成壓力，甚至侵蝕其品牌內涵，使自己的生意從激烈的競爭中異軍突起，從而成為市場中的強者。

用產品親和力影響客戶

品牌其實是一種商業競爭手段，隨著人們消費水準的增長，品牌越來越被商家和消費者重視。所以市場上充斥了許多不是品牌的品牌，這往往是某些企業急功近利造成的，這樣的品牌儘管看起來和真的差不多，但並不能像真正的品牌那樣給消費者親和力。品牌的親和力是消費者對某種產品的忠誠度，當消費者覺得某一品牌是生活中不可缺少的東西時，就會對它產生信賴和親切的感覺，這就是品牌的親和力。生意人要讓產品有親和力，這樣消費者才會樂意購買你的產品。

具備親和力的產品是很容易受到消費者歡迎的，而且這種歡迎會慢慢變成對此品牌的忠誠，在心理上，人們也會從一開始的喜歡變成必須購買這個品牌。一個有親和力的品牌還能幫助產品建立與其他產品的差異性。隨著產品生產工藝的廣泛應用和相似的行銷策略，與之相同的產品也會同時與該品牌產品競爭，而且一個品牌賣得越好，競爭者就會越多，當產品本身沒有太大區別的時候，兩者的競爭就聚焦在品牌上。此時，在消費者的頭腦中，鍾情的品牌與非品牌之間的差距就拉開了，一個在消費者中具有高忠誠度的產品會讓客戶在無意中選擇它，這種品牌的親和力能夠幫助消費者抵制其他產品的誘惑。從另一方面說，消費者在買某種產品的時候常常是靠慣性去選擇的，對於不熟悉的商品，他們通常不做考慮。因此，品牌的親和力能消除消費者的購買疑慮，緩衝其他同類產品對消費者的影響力。塑造一個品牌的親和力有以下一些方法：

1.多搞非價格戰的促銷活動

促銷戰是商家常用的辦法，但是樹立品牌親和力的促銷戰與普通的商品促銷戰不同。品牌商品不應主打價格戰。許多企業都會用打折或贈送活動來吸引客流，這讓許多人願意購買他們的產品，短期的銷售有利，但對於樹立一個品牌是無益的，因為一旦陷入惡性價格競爭中，商品則很難從中抽身。所以品牌的促銷不打價格戰，而以品牌形象推廣或和其他品牌產品聯合促銷為主，這兩種方法都可以讓消費者認識到促銷的產品。

2.商品品質有保障

商品品質有保障，消費者才會重複購買，並逐漸對這件商品產生信賴。做生意不能只顧著賺錢，還要記得和消費者多溝通，通過一些活動或推銷手段讓消費者瞭解產品的文化和價值，讓消費者多參與到商品活動中，並形成一種良性互動。當消費者對該產品有忠誠度時，不但會自己購買，還會向其他人推薦，這往往比做廣告的效果還要好。

3.關注公益活動

一個企業的社會角色比廣告的宣傳力度還要大。比如現在人們比較關注環保，所以就有了綠色行銷的觀念，「綠色」成了消費者的一種需求，此時，商家就可以把「綠色」融入到自己的經營活動中來迎合消費者的心理。

4.親和力的培養在於留住消費者

在關注客戶方面，美國一家公司做得很好，他們把客戶的名字和相關資訊都存入專用的檔案中，每當客戶有什麼需求，不用客戶多說，他們就能挑選出最適合客戶的產品，而這些老客戶也給他們帶來了許多新客戶。精明的生意人不會只看重開發新客戶，他們會認為老客戶比新客戶重要得多。

個人品牌的商業價值

個人品牌所表現出的經濟形式就是名字的經濟價值及其社會體現。擁有自己的個人品牌，名字也就成了商品。形象的傳播，所能達到的理想功效就是「不見其人」就有「久聞大名」的效果，這從一定意義上來講，你就擁有了自己的個人品牌。

可口可樂在全球的工廠即使一夜之間化為灰燼，單憑可口可樂這個品牌就可以在銀行中拿到三百億的貸款。人的名字也是如此，比如《哈利．波特》的作者羅琳女士憑藉其名字即可在《哈利．波特》第四集尚未動筆之時就得到預付稿酬一千多萬美元。

在這裏，一個人的名字就不僅僅是社會學意義上的「人」的代號，而且是包含了認知度、忠誠度、美譽度的一個品牌。這個品牌在經濟活動甚至在非商業的人際交往中，每做出一個動作、每說出一句話都是在經營自己。

林肯說過：「你能在所有的時候欺騙某些人，也能在某些時候欺騙所有的人，但不能在所有的時候欺騙所有的人。」欺騙是不能持久的。我們必須知道好名聲的積累與財富的積累一樣，同樣需要時間，需要耐心，需要正當的手段。

也許，對於我們這些「無名之輩」，要想揚名立萬的確不是一件容易的事，但是無論怎樣，名聲對我們是至關重要的。我們應時刻有這樣的意識，那就是在我們有限的圈子裏珍惜自己的聲譽，並且逐步擴大「知名度」，當你的美譽愈傳愈廣的時候，你自身的價值也就會自然而然的上升。

古人曾云「惜名如金」、「雁過留聲，人過留名」，在這樣一個市場經濟社會中，名聲更是重要的社會資本。

第三章

誠信才是黃金——

你用「真心」才能換得顧客的「真金」

想要把生意做大做強，不僅僅是言談舉止
要讓顧客覺得可信可交，更要在與顧客的實際交往中，
建立長久的誠信關係。俗話說得好，三分做事七分做人，
做生意更是要以誠信示人，只有從小處著眼，
將誠信落到實處，才能獲得越來越多的忠實顧客，
才能換來生意規模的不斷擴大。

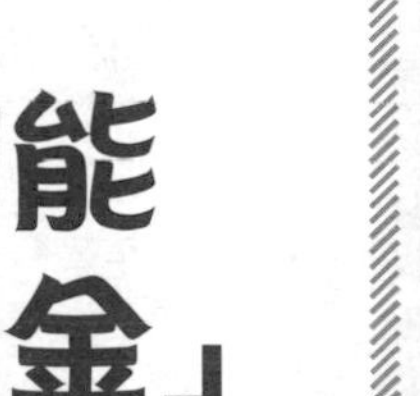

做生意應以誠信為本

如果要尋找和挖掘生意經的精華，應該首推誠信文化。

中國儒家文化中提倡仁、義、禮、智、信，但是最終都應歸結到「誠信」之上，不仁者奸詐，不義者狠毒，無禮者不誠，而無智者又談何為「信」？在世上，最愚蠢的行為是欺騙，不僅做生意如此，任何事情都離不開誠信。

對於生意人來說，「想顧客之所想」是一條黃金定律，而誠信則是遵循此定律的重要原則。如果缺乏誠心實意，顯然不會去在意顧客的想法和需求，而顧客如果看到生意人誠信不足，自然也就不敢談生意。

而言而有信的人能以誠摯、誠懇之心傳達出誠信、誠實之意，從而得到顧客的心，最終成交並獲得成功。

一個真正能夠兌現諾言的人會讓人感到踏實、放心。顧客都是從信任人開始信任你的商品。有人認為，現在很多人買東西不是信任人，而是相信品牌。其實這是一個意思，只不過現在以「品牌商標」這一法人替代了自然人，給顧客以信任而已。

如果你開出的支票都不能兌現，試想一下誰願意接受呢？當然，你可以騙，但是騙得了一時，騙得了一世嗎？做生意不可能只做眼前，而應該看到長遠，更何況，欺騙不僅有違誠信的道德，同時也違反了法律，既不得人心，又沒有法律的支持，這樣的生意顯然是不可能長久的。

對於自己的生意底細，只有生意人最明白，而對於生意的前途，則需要顧客的支持。如果生意人不在意自己的顧客，不願意以誠相待，那麼顧客也不會在意你的生意，更不用說支持你了。

一個生意人如果認為可以瞞住顧客什麼，那麼眼光就未免太狹隘了。精明的生意人必定懂得誠信在生意中的重要性，更明白誠信在顧客心目中的重要位置。顧客不僅有權知道真相，而且內心有迫切瞭解真相的需求。以誠相待則是滿足顧客這種心理需求的唯一方法，也是贏得顧客支持的重要手段。

當你有了誠信，你得到的就不僅是一次訂單，而是源源不斷的生意。

誠信不僅是生意的遊戲規則，也是得人心的底牌。擁有了誠信，就會擁有「人心市場」。沒有任何一個消費者會願意與不講誠信的生意人再次交易，而聰明的生意人也都會奉行和堅守誠信理念，鼓勵和保護誠信行為。

信譽是人生的信用卡

信譽，關係生意之成敗。信譽不僅是商家的經營作風與道德的標準，更會影響到生意的發展。

信譽不是一句生意人的口頭禪，更不是掛在嘴邊、寫在紙上用來蒙哄顧客的手法，而是做生意的過程中生意人給顧客的好印象、好口碑。

在做生意的過程中如果沒有信譽，就難以贏得顧客的好感，就更不用說好口碑了。信譽關係到生意的前景，如果你擁有良好的信譽，那麼就如同擁有了一筆豐厚的存款，而這筆存款會為你的生意保駕護航，讓你的生意風生水起。

生意起步要從信譽開始。如果你初為生意人，客戶不是很多。這時，為生意打好堅實的基礎最為重要，而其中一塊重要的基石就是信譽。從品質到承諾都應該給顧客誠實、可靠的感受，否則信譽就成為空談，而生意也無從做起，更無從發展。沒有哪個客戶能夠容忍劣質商品，也沒有哪個顧客願意被欺騙。在做生意的過程中，顧客最怕空口無憑，即便是立下字據也有可能反悔，而信譽則成為交易成功的保證。

即便是生意做大了，也不能放棄良好信譽形象的維護。要把客戶的事情當成自己的事情來做，急客戶所急，想客戶所想。

當你要把某件產品或某項服務賣給客戶時不妨自問：「我能否接受這樣的服務？」如果你連自己都說服不了，那麼就不要欺騙顧客了。

做生意的過程是一個交換良心的過程，千萬不要用欺騙去換取顧客對你的信任。當顧客遇上什麼困難時，精明的生意人不是推諉，而是盡自己最大的能力去幫助解決。

如果問題解決了，顧客會感到滿意；如果問題沒有解決，顧客也會心存感激。但是如果推諉問題，那麼這個過程突顯的就是生意人本身的缺點——缺乏信譽，這會讓顧客的好感度直接降到零以下。

現在網路商店的生意模式興起，信譽的重要性更為突顯，信譽經營已經成為一個重要的商業概念。

信譽就是一筆存款，它是越積越多的。生意的目的是營利，但是生意過程的維持卻需要信譽作為保證，沒有信譽，只會讓生意夭折。「一客失了信，百客不再來」，如果廣大顧客對你的生意嗤之以鼻，那麼你的買賣就會信譽掃地，此後的生意就會一落千丈，甚至走向終結。

播什麼種就收什麼果

俗話說「善有善報，惡有惡報」，有什麼樣的原因，就會得到什麼樣的結果。「種瓜得瓜，種豆得豆」，也是這個道理。天下沒有免費的午餐，要想收穫就要付出，要成事就會有代價。這樣的因果關係，在生意過程中表現得最為明顯：有良心的做法得到好的結果，缺乏誠信的生意只會遭到唾罵。

在做生意的過程中，有些生意人自以為聰明，昧著良心以次充好，沒有誠信意識，最終只能名譽掃地、生意破產。做生意要講誠信，不能貪圖便宜，更不能危害顧客的利益，唯有真誠不欺，才能讓顧客更加信賴，才能贏得顧客的口碑。

不搪塞、不敷衍、不推諉是贏得口碑的重要一點，生意人不能因為一時省事而推卸責任，因為這會失掉客戶的信任。要知道，損失一些利潤是小，失掉了顧客的信任才是最大的不幸。生意人應該用實事求是的態度和認真負責的行動打動客戶，這樣才能擁有越來越多的忠實客戶。

人與人相處，相互理解、以心換心特別重要，而現實生活中，人們缺少的就是這種站在對方的立場為對方多想一些的真誠。有些顧客對產品缺乏透澈的瞭解，這個時候，生意人就應該耐心細緻地為客戶講解，而不是埋怨顧客的無知。當顧客有了問題尋找幫助之時，他的內心是最容易被生意人的真誠和熱情所感動的。這時生意人熱心幫助客戶解決問題，在大部分顧客心中就好似雪中送炭。在誠信的關係中受益的不僅僅是客戶，還有商家，那些感受到真誠服務的客戶還會為商家帶來更多的商機。

言出必行，說到做到

有人總是把「誠信」二字掛在嘴邊，但是缺乏具體的行動，是做生意的大忌。如果只知許諾而不實現自己的諾言，顧客心中必然不喜，這樣生意人的形象就會降低。唯有說一不二、勇於兌現諾言的生意人才能得到顧客的認可。

既然說了，就要做到。只有說一不二、信守承諾，才能讓客戶安心，事實上，誠信的魅力是無窮的。

以前，地處喜馬拉雅山南麓的尼泊爾很少有外國人涉足。但是後來一個關於誠信的故事讓許多日本人常到這裏觀光旅遊。不可思議的是，這個奇蹟的創造者竟然是一個少年。

有一次，幾位日本攝影師為了拍攝原生態風光來到尼泊爾。當時幾個人忙於工作，沒有閒暇出去買東西，便請當地一位少年代買啤酒。那名少年答應後，竟然為之跑了三個多小時。

第二天，那個少年又自告奮勇地再替他們買啤酒。攝影師們感到很高興，他們給了少年很多錢，要買六瓶啤酒。但是那個少年走後，一直都沒有回來，攝影師們議論紛紛，都認為那個少年把錢騙走了。到了第三天夜裏，攝影師們聽到敲門的聲音，打開門後，只見一個人拎著三瓶啤酒。眾人細看之下，正是那個少年！

原來，那個少年為了買到六瓶啤酒，翻越了一座山，蹚過了一條河。但是在返回時摔壞了三瓶。少年拿著碎玻璃片，向攝影師交回零錢，哭著希望他們原諒，攝影師們無不動容。這個誠信的故事感動了無數的外國人。此後，尼泊爾的遊客越來越多。

不讓一個顧客失望

在任何時候，沒有誠信，就會失去機會。

生意人要記住，一次失信，不是失去一次機會，而是失去千千萬萬的機會。在當今這個激烈競爭的時代，機會的重要性毋庸置疑，對於生意人來說，每一次面對顧客都是一次機會，而且每個顧客給你帶來的機會還不僅一次。如果你能夠誠信待人，這個顧客就會給你帶來更多機會。假使你沒有誠信，那麼你失去的不只是一個顧客，而是千千萬萬的機會。

事實上，誠信在顧客心中是一種感覺。生意人如果忽視了顧客的感覺，讓顧客內心不好受，那樣不僅連生意做不成，還會造成一種惡性循環。你的誠信顧客會宣傳，你的失信顧客也同樣會宣之於眾。

誠信帶給顧客的是一種感覺，帶給你的卻是更多的機會。由於科學技術的發展，通訊設備的發達，做生意的手段也越來越多。

如今，網路行銷以其方便快捷、低成本運營等優點成為流行的生意手段。但是，由於這樣的生意不能面對面地交易，因此，無形之中提高了信用成本。如果缺乏足夠的信用，那就根本不可能成交。而這個時候，誠信就至關重要。從某種意義上說，網路上做生意更多靠的是一種誠信。

顧客選擇的不僅是你的商品或服務，還有你的誠實可靠。尤其是與一些希望穩定的客戶交易時，他們常常會在最初採取一些手段試探商戶，看看商戶是否值得信賴。假設你讓客戶失望一次，那麼你就將失去與之長期交易的機會。

誠信是生意路上的橋梁

如今，做任何事情都要講誠信，做生意更是如此。

人無信不立，生意無信不成。做生意最重要的是講究信用，如果不講信用，生意就難以做成。

有些生意人常常在廣告上標低價，引顧客上門後，則立刻換一套說法。儘管這是一種吸引顧客上門的好方法，但是始終有失信用。更為重要的是，這樣的做法會讓顧客產生巨大的心理落差。也許顧客會懷有「不能空手而回」的心理購買，但是這個商家在顧客心目中的印象則會大打折扣。

要想把生意做長久，就必須講信用。

有一個品牌電腦公司，由於一時疏忽，把三萬元的電腦標成了三千元，但是為了保住自己的信譽，還是把電腦按標價賣給了已訂購的客戶。儘管有人認為這是電腦公司的一種炒作方式，但是不可否認其正在宣傳一種極其重要的生意思想——信用。

古人云：「沒有規矩不成方圓。」現代商場則講究「無信用不成生意」。講究信用的生意人受顧客的歡迎，沒有信用的生意人是不得人心的。

從某種意義上講：生意即信用。做生意就要講信用，只有講信用才能得人心，進而獲得顧客的支持，讓生意蓬勃發展。

用真誠打動你的顧客

誠實的生意人就是顧客的朋友。誠實的生意人以情動人，以真誠感人，這就是他們生意的發展之道。

認真是做生意的重要態度。如果沒有認真的態度，就很難得到顧客的認可。認真的生意人能獲得顧客由衷地讚許，也能讓他們更放心。

一八三五年，摩根還只是一家小保險公司的股東之一。儘管這家保險公司小，但是信譽良好，因此投保人不少。但是天有不測風雲，當時紐約突然發生一場特大火災，保險公司的眾多股東如同挨了當頭一棒，紛紛要求退股，想要推卸理賠責任。

這時，只有摩根決定賣掉自己苦心經營多年的旅館，用資金低價吸收各個股東的股份，同時積極地進行融資，東拼西湊地把十多萬元的保險金籌齊，給投保人送去。

那些投保人見到摩根如此仗義，勇於承擔理賠責任，非常感動。一時間，公司聲名鵲起。

但是，快要破產的摩根此時卻只有一個空空的公司，摩根決定做最後的努力挽救公司。於是，他打出廣告：本公司已經竭盡所能，此時公司瀕臨破產，我需要承擔拯救之責。因此，從現在開始，再投本公司的保險，保險金將加倍收取。

如此奇怪的廣告打出後，奇蹟發生了。人們紛紛向這家收取高額保險金的小公司投保。不久之後，摩根就把自己的旅館重新買回來了。

摩根成功的秘訣是什麼？就是那敢於承擔責任的行動，這不僅為他贏得了良好的信譽，更贏得了顧客們的支持。

第四章

抓住獵奇心理——打破常規，眾行之中求創新

做生意，不能一成不變地跟在別人後面，
按照別人的思路照搬，那等於是自毀前程。
只有學會不斷地創新，才能迎合市場，
不斷創造成功。天底下無所謂誰比誰聰明，
只有在乎比誰用心，做生意尤其如此。

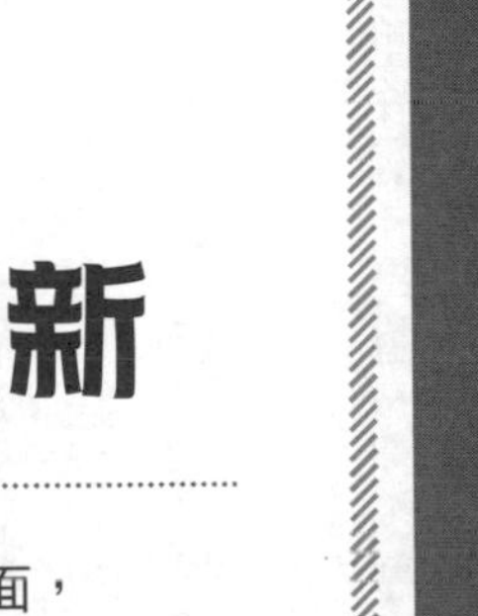

從細節處挖掘賣點

賣點絕非一句空洞的廣告詞，更不是虛無縹緲的東西。只有將賣點實實在在地表達出來，體現在每個細節上並讓顧客切切實實地感受到，才能最大限度地發揮出其對於銷售的促進作用。

很多人在創造和挖掘賣點這一問題上總感到無從下手，這是因為過於關注「面」而忽視了「點」。賣點的挖掘實際上應該從細節入手，只要在一個細節上創造出與眾不同的賣點，就會取得卓越的效果。

在「細節」上體現賣點有兩層意思：一層是「賣點」必須是實實在在的，如果「賣點」本身已脫離產品的功能價值，只去炒作一些空洞的概念，這樣的「賣點」根本無法落實，更別奢望得到市場的認可；另一層是將「賣點」體現出來，讓不同的人群感受到。

很多人恰恰是因為沒有深入理解這一問題，最終導致「賣點」未能發揮出應有的效果。

實際上，與產品有關的每一個細節都可以挖掘出「賣點」。在細化和落實「賣點」時，企業需要根據不同顧客群的特點，採用合適的方法將「賣點」恰到好處地表現出來。摩托羅拉公司為了更好地表達自己的「時尚、科技、人性」的賣點，在全球三十五個國家進行了三年的市場調研之後，將手機的消費者人致劃分為四個基本類型——科技追求型、時間管理型、形象追求型和個人交往型，並針對這四類顧客採取有針對性的銷售策略。

「消費者的感受」也隱藏著很多的賣點。可口可樂公司就很好地利用了這一點。一八八六年，美國有位藥劑師熬製出一種治療頭痛的藥，起名為「可口可樂提神液」。最早的可口可樂行銷時僅把它當成一種保健藥品，大力推薦它的保健功能。但效果相當差，第一年只賣出兩百杯，收入僅五十美元，而廣告費卻花了七十三美元——入不敷出。

後來可口可樂公司把治療頭痛的濃縮液稀釋成一種大眾飲料，從「消費者的感覺」中挖掘賣點，使自己成了全球最偉大的企業帝國之一。它的行銷基本點不是可樂本身，也不是解渴本身，而是「快樂」。「快樂」這一賣點給可口可樂以靈氣，有了靈氣的可樂，就不是可以被其他飲料代替的普通飲料了，這才是可口可樂長久地佔據餐桌的最根本原因。

「賣點」並非是看不見、摸不著的東西，挖掘賣點靠的也不是天馬行空式的思考。「賣點」就藏在細節之中，對有關產品的各個方面加以注意和分析，就有可能挖掘出賣點。「賣點」是一個產品、一個品牌最能吸引顧客眼球的地方，是銷售中的黃金細節，而挖掘「賣點」靠的是「發現細節」的能力。

小本生意小巧做

無論是大生意，還是小買賣，都有人願意去做。其實，做生意並不難，但要做強做大卻並不容易。很多生意做得順手的人都有一套生意經，當然，這些生意經說穿了也並不神奇，卻非常有效，因為這些心得都是通過驗證的，是深通生活道理與人們心理的方法。

事實上，那些做生意成功的人，常常能夠察覺別人的細微心理，這些細微的心理儘管簡單又不為人所重視，但在生意中卻非常重要。

買賣首先要適銷對路，其次，要穩定貨源，只有貨源穩定，價格才能取得細微的優勢。第三，要有熱情的服務，周到的招呼。第四，掌握買家的心理。價格並非越低越好，有時賣得比別人貴反而能夠賣得好。

「揮淚減價」的背後

雖然人們對大事不一定糊塗，但在購物時難免有點「小便宜」情結。所以，生意場上就有了「清倉大拍賣」、「特價商品」、「跳樓價」等動人心魄且永不過時的銷售方法。

面對「大拍賣」、「跳樓價」，很多人難以抑制內心的激動與狂熱，往往會衝動選購，在這方面，女性的衝動尤其令人咋舌。精明的生意人常常會用「揮淚狂甩」的招數突破人們的心理防線以贏得利潤。

生活中，大多數的生意人都喜歡與購物直接的顧客打交道。購物直接的人很少猶豫，往往瞄準目標，直奔而去。這類人多數是不買則已，一買就會傾囊而購，無論是沒有計劃或者有計劃而來，他們大多數不熱衷講價，即便偶爾會砍價，也不過是為了滿足一下小小的虛榮心，證明自己還有幾分精明。

但是生活中的顧客不是只有直接的顧客，還有很難纏的顧客。

針對難纏的顧客，精明的生意人的招數就是「減價」，其實這一絕招的產生是有其心理誘因的。

儘管人的心理是千變萬化的，但是萬變不離其宗，「購物小便宜」的情結幾乎在所難免，「狂甩」絕招就是洞悉人們的這一心理而生的。由於人們的這種心理始終如一，因此，儘管「減價」招數隨處可見，商家始終都能利用它來截獲財富。

「揮淚減價」、「跳樓價」等銷售概念可以突破顧客的心理底線，給人們的視覺與內心帶來雙重震撼。

當類似「揮淚減價」、「跳樓價」等字眼進入人們的視野之中時，就會使人覺得在內心發生了一場地震，第一反應就是「機不可失」。

有的商家還會在甩賣的節骨眼中，安放上大喇叭直接宣傳：「機不可失，失不再來」、「走過路過，不要錯過」。這都是為顧客營造激動的氛圍，強化降價在顧客心中的「地震」效果。當然，如果商家能夠自己放開嗓子吆喝幾聲，客人們聽起來內心感受就會更真實，效果會更好。

事實上，「減價」、「跳樓價」等銷售策略更多針對的是女性購物者。由於很多女性都有逛街的愛好，對於商品的研究時間通常都比買的時間長，這樣就造就了一大批精明的「商品研究專家」。

有不少女性朋友可以花上一整天的時間去逛街，在逛街的過程中，反覆來回也樂此不疲。

其實，大多數女性顧客的興趣不在於「購」，而在於「逛」。對於商家來說，面對這類以「逛」為主的客人，可以說是一種特殊的考驗，考驗的就是買賣人的精明與頭腦。如何抓住「逛」者的腳步，如何使「逛」的精明顧客為商品付錢，是令商家們感到煩惱並急需解決的問題。

總之，做買賣的人應該看到消費人群的心理，從把握其真實的內心感受入手，讓顧客沉寂的消費心靈湧動起來。

影響生意的新元素

做生意的人不僅要具有巧妙的智慧，還應該懂得一些奇妙的知識，這樣才能夠為自己的買賣增色不少。比如色彩、音樂等都與人們的心靈相通，如果能在生意中多加運用，就往往能夠起到神奇的效果。

日本東京有一個咖啡屋老闆，為了節省咖啡用料並賺取更多的利潤，便挖空心思想辦法。當然，他並不偷工減料。他發現，顧客對咖啡的感受會受到杯子顏色的影響。為了證明自己的觀點，那名老闆做了一個小實驗：他讓朋友喝四杯完全相同的咖啡，結果發現，由於盛咖啡的杯子顏色不同，朋友對咖啡的評論也有很大的區別。三十多位朋友的試飲都證明了這個結論。試飲結果表明，對於咖啡色杯子裏的咖啡，有三分之二的人都說「太淡了」；對青色杯子裏的咖啡，大部分朋友認為「既不濃也不淡」；而說紅色杯子裏咖啡「濃」的人則達到了九成。

咖啡店老闆根據自己的試驗結果，想出了節省咖啡用料的方法，那就是把咖啡屋裏的杯子全部改成了紅色。這樣，不僅節省了咖啡用料，還給顧客留下了特好的印象，又不會讓客人們感到咖啡太淡。由此，咖啡店的生意特別紅火。

除了顏色對顧客的內心會產生影響之外，音樂也可以起到相似的效果。美國有研究人員曾在超級市場進行實驗，結果表明：顧客的行為往往會同音樂合拍，當音樂節奏加快時，顧客進出商店的頻率也會相應地加快，相反，音樂節奏減慢，顧客的選購時間就會延長。

當然，在生意場上有的買賣應該讓顧客駐留的時間加長，而有的買賣則需要讓顧客的步伐加快，音樂頻率的運用也應該視情況而定。

在一家歌劇院的對面有個餐館，餐館老闆發現自己的生意與歌劇院所演曲目密切相關。當歌劇院上演瓦格納的《漂泊的荷蘭人》時，由於其音樂比較沉重，讓人們的內心有疲憊之感，劇終之後觀眾們都匆匆回家休息了，這時餐館的生意就變得冷清；當歌劇院上演《茶花女》時，人們往往會因為感動而急切盼望平靜情緒，就會不自覺地進餐館待一會兒，吃點東西；而在歌劇院上演《鄉村騎士》時，餐館裏的生意特別好，尤其是酒的銷量大增，這是由於該片富有激情。

因此，餐廳比較適合播放輕快的音樂，這樣可以使顧客的用餐速度不知不覺地加快，能夠提高餐座的利用率。最好不要採用過分憂傷或者過分勁爆的曲目，這樣會影響食客的心情。而商場則比較適合用那種輕柔舒緩的音樂，這樣可以使顧客的腳步放慢，使其駐留店內的時間延長。

無論是色彩還是音樂，都是影響生意的重要因素，因為它們都與人們的情緒相關。精明的生意人會注意採取適當的音樂和適合的色彩，為自己的買賣營造良好的氛圍，這也是所有生意人應該注意的一個問題。

附送贈品巧促銷

贈品促銷是市場行銷過程中的一種經常被用到的促銷手段，高明的贈品能起到畫龍點睛的效果，可促進產品的銷售。有些精明的生意人就善於用贈品促銷的方法把自己的買賣打理得紅紅火火。

附送贈品主要以兩種方式來吸引顧客：

一是贈品的價值誘惑。

二是贈品對所售商品的補充。可以讓所售商品的某些用途或功能表現得更完美，而贈品主要起配套作用。

一般來說，贈品的價值誘惑主要是短期內的影響，難以持久，而第二種形式的贈品則能夠起到較為長久的影響，對於生意具有長期的促進作用。

投其所好把握商機

要想把生意做好，就要學會投其所好。從消費者的角度來說，滿足其心理需求就是一種投其所好的行為。

有的投其所好是由生意人主動做起來的，比如奇妙的經營方式等都是主動滿足消費者好奇心的行為；而有些投其所好則需要生意人在顧客的消費過程中進行滿足，屬於被動性質的，比如滿足顧客的面子、自豪感等。

當然，如果是精明的生意人，就能夠時刻把握住投其所好的原則，無論主動還是被動，都能夠滿足消費者的心理需求。

熱點銷售就是一種投其所好的買賣，能夠滿足消費者狂熱的心理需求。電影《哈利．波特》風靡全球後，有關哈利．波特的玩具也掀起了搶購狂潮，讓玩具商大賺了一筆。儘管這些玩具都很簡單，然而對大批狂熱的哈利．波特迷卻有非同尋常的魔力，這是因為哈利．波特就是當時的社會「熱點」，而生意人不過是投其所好而已。

當然，並不是所有的生意人都能夠利用「熱點」投其所好，賺到大錢。事實上，利用熱點賺錢必須注意三點：

首先，**要有「熱點」的商業意識**。如果對熱點沒有足夠的認識，對資訊缺少瞭解以及分析的能力，那就無法預見並把握熱點，也就無法賺到錢了。

其次，要**巧妙開發「熱點」的商業資源**。由於「熱點」是人所共知的，沒有什麼特別稀奇的東西，但是聰明的經營者能夠對「熱點」巧妙開發，從人所共知的熱點中找到新創意，從而造就意想不到的效果。

再次，**熱點銷售要搶先**。「市場熱點」往往來得快，去得也快，做「熱點」生意，就應該迅速、搶先出手，否則「熱點」一過，生意就會失敗。

因此，果敢的頭腦、敏銳的商業眼光以及迅速的商業手段，是「熱點」銷售的必要條件。

除了「熱點」銷售中的投其所好之外，在自己的小買賣上也可以盡自己所能滿足顧客的要求，以帶來回頭客，打造良好的口碑。

總之，有需求就會產生市場，這就是做生意應投其所好的真諦所在。

第五章

包裝「心理學」——

貨賣一張皮，老酒也要裝新瓶

人們常說「貨賣一張皮」，
這裏的「皮」指貨物的包裝，或者叫做「皮相」、「扮相」。
好的包裝可以提升貨物的「賣相」，勾起人們的購買欲，
所以說「貨賣一張皮」是有道理的。
隨著市場經濟的發展，包裝對於產品來說
不僅僅是簡單的物質性享受，更是一種精神性追求。

「酒香」也要大肆渲染

傳說，大詩人李白沿途飲酒做詩來到揚州，剛下船，就聞到一股奇異的酒香。李白很好奇，就聞著酒香一路尋去。李白走進了一條長長的酒巷，酒香也越來越濃。李白到了巷子的深處，最終找到了酒香的源頭。李白要了一罈酒，打開酒罈，頓覺酒香沁人心脾，於是他放開懷抱，大喝起來。自從李白喝了這酒，一傳十，十傳百，酒家的生意迅速火爆起來，這種酒從此聞名遐邇。這就是「酒香引來酒中仙，酒香不怕巷子深」的典故。

通過這個故事可以看出，買賣要做好，至少需要兩個條件：第一，產品品質出類拔萃；第二，廣告效應好。很顯然，廣告效應在買賣中起的作用非常大。

廣告，即廣而告之，就是從情感、視覺、聽覺等各種感覺出發，全方位、大肆地渲染產品、品牌，以「攻心為上」的策略，直搗人們的思想陣地和心理巢穴，其目的是讓別人記住你和你的產品。其實，廣告就是做生意的一種心理攻略。

廣告是一種重要的行銷手段，事實說明，幾乎任何產品都離不開廣告宣傳，這已經成為一種不可或缺的生意策略。

放大產品自身賣點

為自己的產品做宣傳，一定要選對方向。其中，極為重要的一點就是要抓住產品的差異點，這樣才能比別人多賺錢。經營者找到這些差異點時，只要圍繞著差異點做廣告就可以了。然而，消費者買東西時常常並不瞭解廠家所宣傳的差異點。造成這種結果的根源就在於，這種差異點沒有放大到足以說服消費者的程度。

要真正說服消費者，就要使商品差異點全面地進入其內心。要做到這一點，有兩種手段最為常用，一是大規模、高密度的廣告投放；二是通過事件行銷，用凸透鏡的放大效應數倍擴放這種產品的差異點。很顯然，第一種手段是在沒有辦法的情況下實施的下策，而第二種方式則是上策。

那麼，什麼是差異點呢？通俗地講，差異點也就是賣點。在任何買賣中，賣點都是非常重要的。找出或者確定賣點是做買賣的重頭戲。要進行有效的炒作，更加離不開賣點。因為炒作不能憑空想像，而應該立足於品牌、產品，依據賣點進行炒作，這樣才能讓消費者接受。賣點最重要的一點特徵就是要儘量優於或區別於其他同類產品，要有自己的個性特點。

在激烈的市場競爭中，做生意既要大膽，又要有創意。成功的商家通常都會以新穎別致的炒作手法，擴大賣點的影響力，以獲取最大的效益，最為常見的方法就是在廣告語和名稱上突出。炒作賣點是深通人心的生意經，因此，做生意應該掌握產品的賣點。賣點主要有以下幾種：

(1)**賣品質**。

(2)**賣情感**。

(3)**賣服務**。

隨著社會的發展，消費者對服務的需求越來越高，聰明的商家適時地推出了各種服務：親情服務、廿四小時服務、貼身服務等，還有親身體驗產品、個性化服務、客戶定制服務、送貨上門服務等，這些都讓消費者獲得了更加舒適的消費體驗。

(4)賣文化。

在一種文化環境中，審美疲勞往往會使得人們對另一種文化具有好奇心，而且文化往往是時尚流行的先鋒。因此，文化賣點常常被有心的商家關注，而傳統古典文化、鄉村民俗文化、西方浪漫文化等文化產業的興起，都是為了迎合消費者的多變需求。

(5)賣品牌。

其實，這是為了給消費者創造出一種心理舒適與精神滿足。事實上，在當今的社會，心理舒適與精神滿足已經超越物質，而成為消費者渴望得到的最重要的價值。

(6)賣特色。

如果產品具有區域性、歷史性、民族性、稀缺性、技術領先等優勢，也通常被企業拿來作為賣點。

總而言之，做生意離不開賣點，更加離不開對賣點的炒作。只有在凸透鏡下放大產品的差異點，才能更好地炒作，才能真正把生意做大。

在名人的肩膀上做生意

巴西一家小禮品店有一條特別的店規：各界名人來店裏購物不收錢，但是要先拿出絕招來證明自己的身分。這個有趣的店規很快就傳開了，各種各樣的人物從各地跑來獻出自己的絕技。

球王貝利到這家禮品店購買商品，聽說了這個有趣的店規大為高興，見店內擺著足球，便用腳輕輕一勾，然後飛起一腳，球飛出去正好擊在門鈴上，門鈴聲不絕於耳，隨即足球又反彈回來，貝利不等足球落地，擺頭將球一頂，球「嗖」地一聲落回了原來放球的位置。

小店老闆見狀大聲叫好，便讓貝利挑選商品，並且分文未收。自從球王貝利在這裏獻技之後，這家禮品店的顧客越來越多，有的人是來獻技的，有的人則是為了一睹名人風采。一時之間，小店名聲大振，生意越做越紅火。

這家小店之所以能夠在短期內獲得成功，就是利用了「名人效應」，以「名人獻技，分文不取」為賣點進行炒作。

不論做什麼買賣，都應該學會借勢，懂得「別人搭台我唱戲」，唯有借助別人，才能讓自己的買賣越做越大。精明的商家可以通過對他人所具有的強勢的巧妙利用，成功地讓對方為自己服務。借勢都是通過有目的的炒作完成的，這種方式的好處有兩個：一是省卻了巨額費用，二是把對方的潛在客戶變成自己的現實客戶。對於不少小買賣來說，這兩個好處至關重要。

有一位書商，他的書賣得不好，眼看書店就要關門了。有人就給他出主意，讓他找名人幫忙推薦自己的書。書商覺得這個辦法可行，問題是哪個名人會幫自己推薦呢？他想了很久，覺得除了總統之外，沒有其他的名人能幫助自己。

於是，書商就把自己的一本書和一封信寄給了總統，他在信裏寫道：「我手裏的書實在是太難賣了，希望您幫我說些好話。」總統看完書後覺得還不錯，就在書上寫下了「這本書不錯」幾個字，並把書給書商寄了回去。

書商收到總統的回覆後非常高興，他把書掛在店裏最顯眼的地方，並且把這本總統做出好評的書介紹給每一個來到店裏的人，果然，這本書非常暢銷。

收到如此明顯的效果之後，書商決定再「讓」總統幫一次忙。於是他把第二本書寄給了總統。總統已經知道書商借他的光發財的事情，沉思片刻，就在寄來的書上寫上

「這本書實在不怎麼樣」，然後寄回給了書商。

沒想到書商看到回覆後，依舊非常高興。他對每一位來客介紹說：「這是一本把總統氣得發抖的書。」結果這本書比第一本書更加暢銷。

這個消息很快就傳到了總統的耳朵裏，正當總統哭笑不得的時候，收到了書商寄來的第三本書。這次總統吸取了前兩次的教訓，沒有對書做出任何評價，而是把書原封不動地給書商寄了回去。

然而讓人意想不到的是，這次書商對顧客宣稱的卻是：「總統沒有看明白的一本書。」於是這本「總統看不明白」的書迅速大賣，銷路竟然比前兩本還要好。

由此可見，利用名人名氣炒作之法，確實是讓生意興隆的訣竅。

任何生意和買賣都不可能是純粹的商業行為，如果不能迎合消費者的心理，那麼人們對於此種商業行為的認可度就不會提高，生意也就做不下去了。

而以名氣、權威等概念炒作的商業行為則可以迎合消費者的心理需要，贏得消費者的回應與支持。

吸引眼球的炒作方式

在美國的一次大型展場上，各家公司都千方百計地為自己的產品做宣傳，各式各樣的招數紛至迭出，其中有一家公司的宣傳方法令人耳目一新：事先，他將一隻小猴子裝在用布蒙住的籠子裏帶進了會場，待輪到他上臺的時候，他就把小猴子放在自己的肩膀上，然後走上講臺。沒想到，剛一登臺，那隻小猴突然懼場亂竄，一時之間，場內騷動不已。那名代表好不容易把小猴子安撫好，會場恢復了平靜，那名代表只說了一句話：「我是來推銷白索登牙膏的，謝謝。」然後，一鞠躬便飄然而去。大家對此不由一愣，連忙相互打聽怎麼回事。結果，白索登牙膏的銷量大漲。

其實，這種炒作方法的目的就是用奇怪的方式喚起人們的「奇異心理」，以引起人們對自己產品的廣泛注意。首先，有奇怪的行為在前，以引起別人的注意；接著，以簡單而明確的話語介紹產品，讓人們迅速記住產品名稱；更為重要的是，由奇怪行為而引起的相互問詢與猜測讓產品的影響力迅速擴大。這種獨特的思維以及奇妙的炒作方式，對生意非常有幫助。

世界著名的立頓茶葉公司也曾經採取過類似的方法。公司剛開業時，為了打開市場，引起消費者的關注，立頓公司買來兩頭小豬，先把小豬用各色緞帶精心打扮一番，再分別在牠們的身上掛上兩面小旗，旗幟上寫「立頓茶葉吸引了我」、「我現在就去立頓」等字樣，然後派人趕小豬穿行於繁華市區，以此引起大家的興趣。這種標新立異的宣傳方法，讓大家對立頓公司留下了很深的印象。

炒作的直接目的就是吸引大家的眼球，獲得人們的關注。而商業炒作則是為了在吸引消費者注意的基礎上，擴大品牌的影響力，從而獲取更為豐厚的利潤。

美國某集團想創辦一本新雜誌，對於如何引起消費者的興趣，打開發行市場，集團中的各位智囊都出謀劃策。其中一個主編想了個好辦法：把當年的耶誕節定為雜誌的創刊日，並在雜誌發行當日進行銷售。尤其特別的是，這個主編認為應該讓裸體模特兒在紐約的各個地鐵站銷售。

這個方案得到了大家的一致贊成。為了讓人們對新雜誌發行的消息更明確，主編請了很多記者、自由撰稿人，讓他們對「新雜誌發行使用裸體女模特兒進行銷售」這一話題進行辯論，並在各個報紙上進行宣傳。

辯論分為正反兩個方向：正方認為裸體銷售體現了美國人民張揚的個性，是自由熱情的體現；反方則認為裸體銷售不利於道德教育，並會對社會文化造成糟糕的影響。

正反兩方的辯論常常在各種媒體中出現，引來了民眾的關注。爭論一直持續到了十二月，耶誕節馬上就要來臨，這時，民眾對於「新雜誌裸體銷售」的關注程度越來越高。到了耶誕節，眼看轟動的炒作就要難以收場了，該雜誌的主編便在一家權威報刊上登了一則啟事：

「由於警察局認為裸體銷售會造成交通擁堵，不利於公共安全，因此裸體模特兒宣傳取消，雜誌銷售照舊。同時，為了補償大家對本雜誌創刊的關注與見證，本次發行活動將附贈裸體模特兒寫真桌曆一本。」結果，雜誌一上市就大賣，有的地方竟然出現了搶購熱潮，新雜誌發行獲得了空前的成功。

在這個故事中，商家始終都在吸引大家關注的目光，先選取頗具爭論的話題進行炒作氛圍的營造，勾起大家的興趣，讓大家對事件的發展態勢充滿期待，接著讓大家進行討論，引起「一石激起千層浪」的效果，目的是擴大人們的興趣，然後就是適時收場。

收場在炒作中是非常重要的，難以收場的炒作並非成功的炒作，尤其是商業炒作一定要做好收場工作，因為收場的作用就是彌補人們的心理缺失，如果最後無法收場，人們就會感到缺憾，對炒作的商家有不好的印象。由此可見，採取標新立異的方法吸引人們的眼球，一定要注意迎合消費者的心理滿足感，否則就會前功盡棄。

抓住消費者的心理共鳴點

做生意就要尋找消費者心理的共鳴點，並成功進行新聞炒作，最終借消費者的內心熱情高漲之勢獲得巨大的成功。如果生意人不懂得從消費者的心理入手進行渲染、炒作的話，那麼要在激烈的競爭中獲得消費者的關注是很難的。

好的廣告能夠一下子打動消費者的心，讓消費者領略到美感；而不好的廣告只能通過反覆宣傳，讓消費者產生厭惡之心。比如有的廣告整天聲嘶力竭地叫喊，卻不見得有收效，有的廣告儘管有耀人耳目的設計，但宣傳效果也不好。其實，這些廣告都有一個共同的缺點：缺乏對消費者心理共鳴點的挖掘和突出。

因此做生意要宣傳，而宣傳則要緊緊抓住消費者的心理共鳴點，用明確而適當的方式傳達出消費理念，這樣才是成功的廣告宣傳。

在商業宣傳中，要掌握消費者的心理共鳴點，就應該從自身的市場消費理念開始。每一個生意都應該有自己的市場消費理念，成熟生意的市場消費理念明晰，而不成熟的生意市場消費理念就比較模糊。因此，要做宣傳，就不能夠離開消費理念的確立，更不能忽視消費者的心理共鳴點，而應該抓住受眾的心理，適時、適當地宣傳，這樣才能達到更好的宣傳效果，產品也更容易受到關注。

精緻包裝，雍容大氣

在現代商業活動中，商品的包裝是重要一環。大多數商品都有包裝，而且有些商品對於包裝的依賴性非常強，如果沒有更吸引人、更鮮豔的包裝，就無法打開銷路。但是，一種包裝無論如何經濟適用、如何出色地起到了保護和存儲產品的作用，如果不能起到推銷的作用，那就是失敗的。事實上，包裝最重要、最實際、最基本的作用就是誘使顧客買下商品。

好包裝不僅僅能使商品賣個好價錢，還能夠開拓新市場。置身於商品的汪洋大海中，如果顧客既沒有明確的大廣告指引，也沒有明確的購買目標的話，精美誘人的包裝就成為刺激顧客購買欲的重要手段。從某種意義上來說，顧客購買商品，就是在購買包裝，因為商品包裝是深入消費者心理的宣傳手段之一。

包裝應滿足顧客以下幾點心理：

(1)**求實心理**。包裝的設計首先是為了滿足消費者的核心需求，也就是實實在在的價值。儘管包裝精美的商品比包裝較普通的商品更能引起消費者的購買欲望，但如果包裝華而不實的話，則會對長遠的商品銷售不利。比如老年人健康滋補品，如果包裝華麗，就會使其「形式大於內容」，只能作為禮品偶爾性地購買，缺乏長遠發展的動力。

(2)**求信心理**。商品包裝應該突出廠名、商標，以減輕購買者對產品品質的懷疑心理。美國百威公司的銀冰啤酒包裝，就是一個反映消費者求信心理的例子。當銀冰啤酒冷藏溫度達到最適宜時，其商標就會在瓶子包裝上顯示出來，這樣就可以讓消費者享受到最佳的風味，更可以驗證商品是否貨真價實，使消費者的求信心理得以滿足。

(3)**求美心理**。包裝應該是藝術的結晶，精美的包裝能激起消費者高層次的需求，而深具藝術魅力的包裝則能給購買者帶來美的享受，這是顧客形成長久型、習慣型消費的重要驅動力。大凡世界品牌，其包裝都十分考究，既有藝術的美感，又不流於膚淺的豔俗，這也是世界品牌能夠長期受到消費者追捧的重要原因之一。總之，一種優雅且成功的包裝，能夠讓生意變得順暢而持久。

(4)面子心理。人都有很強的面子情結，很多消費者會因為面子心理而做出超過自己支付能力的購買行為。精明的生意人往往能夠通過消費者的這種面子心理找到市場、獲取溢價。

(5)炫耀心理。消費者的心理滿足需求遠比實用需求高，這就會形成一種炫耀消費，此種消費是基於人們的炫耀心理。炫耀性商品的消費宣傳有助於獲取市場，尤其在時尚商品方面，消費品的炫耀性本質被體現得淋漓盡致。例如手機、手錶等商品鑲嵌寶石，就是基於炫耀心理的包裝設計。對消費者來說，炫耀重在擁有，獲得的是心理上的滿足感。

(6)攀比心理。消費水準有不同的層次，這往往反映出了消費者所處的階層、身分以及地位，消費者的攀比心理就是從這種社會認同中產生的。與炫耀心理相比，攀比心理表現的是「你有我也有」。在這方面，電子產品的銷售宣傳體現得最為明顯。這是由於電子消費品的主要消費群體是年輕人，其攀比心理比較重。比如說電腦產品的包裝與宣傳，廠商就給所有的消費者塑造了這樣一個觀念：電腦普及。這樣，大多數還沒有電腦的人都會有股衝動。

其實，不同牌子的商品品質只有細微的差別，有的甚至毫無差別，然而，由於包裝的存在，人們往往會形成心理差異，而精明的生意人就是利用這種心理差異來展示商品的特徵。

事實上，包裝就是心理經濟時代的必然產物，比如酒、月餅等商品，要刺激消費者的購買欲望，打的就是心理戰。

可以這樣說，人們消費的重點不在於商品，而在於心情。

廣告是產品的軟包裝

廣告不在於大小，而在於是否能引起消費者的關注，而大部分廣告傳播效應不佳的真正原因就在於不清楚這一點。

廣告設計應符合以下幾點：

(1)廣告設計應考慮到受眾的習慣。一般而言，普通的消費者是很少刻意去看廣告的。大多數消費者面對廣告，都習慣一掃而過。

在這種情況下，如果你的廣告不能在短時間內給人們留下印象的話，那麼就等於失去了一次宣傳機會，只有等下一次宣傳機會的到來。然而，如果廣告內容依舊如此無趣，消費者下次也一定會一掃而過。

在廣告設計中，有一個「三．一五原則」。「三．一五原則」指出，廣告的主要訴求應該讓受眾在三秒鐘內明白，廣告表達字數不超過十五個。只有在這個範圍內的廣告，才能最大限度地讓受眾記在心裏。

因此，廣告應該構思好核心廣告語，遵循「三．一五原則」設計廣告內容，讓內容率先進入消費者的視野，提升廣告效應。

(2)廣告主題應緊貼消費者利益。廣告傳播的低層次要求就是讓消費者記住商品，高層次要求就是勾起消費者的購買欲望。

一般來說，品牌的知名度只能給消費者提供購買參考，在廣告中，利益關注比品牌知名度關注更重要。

現實生活中，常常看到這樣的情況：讓人大倒胃口的「俗廣告」，其廣告效應非常好；而一些專業人士覺得很好的廣告，卻賣不動商品。其中一個重要的原因就是「雅廣告」儘管設計得「引人入勝」，但是並沒有「扣人心弦」，沒有從消費者的利益角度闡述廣告主題，以致於他們根本就不知道這個廣告中所描述的東西能給自己的生活帶來怎樣的特別好處。

因此，一個生意人首先應該思考的問題不是品牌帶給自己的利益，而是向消費者正確描述這個品牌帶給消費者的好處在哪裡。

當然，消費者的需求、利益是多樣的，但是在這些需求、利益之中，必定有相對集中的幾個方面。須知，空泛的廣告主題只會分散消費者對品牌的注意力，反而不利於消費者心理印象的形成。

(3)第一次廣告投放應該蓄足勢。沒有集中曝光的廣告，其效果必定不好。

這是因為消費者是健忘的，如果不能在短時間內多次衝擊他們的視覺和聽覺，消費者就很難牢牢地記在心裏。有人把廣告形容成「轟炸」，就是這個道理。

總而言之，廣告投放不在於投入多少，而在於廣告是否能夠產生最大的宣傳效果。

在廣告中，應該以消費者的心理需求為基礎，緊扣消費者的利益關口，並結合自己的產品特性，通過最佳的表達方式進行宣傳，這樣才能發揮出廣而告之的效力，讓你的生意備受矚目。

特色主題攬生意

現在的商家都喜歡做「主題」，很多生意都少不了「主題」二字。事實上，現在的商業已經進入了一個主題流行的時代，比如農場主題、火車站主題、古代主題等獨特的新意已經成為吸引顧客首次光臨的手段。

不少生意人在生意剛開張的時候，都會面臨如何打開市場的困擾。要解決這個問題，不妨從主題入手，讓生意得到關注。但是，做主題並不容易，因為主題往往是一個長期的生意策劃方案。如果只是為了生意的前期推廣，而不想做長期的主題，那麼不妨採取製造一點噱頭的方式，讓生意受到關注，贏得顧客首次光臨。而製造噱頭最常見的方式就是「活動秀」。

總而言之，無論是利用主題特色來吸引顧客，還是採取「活動秀」以製造噱頭來招攬生意，都應該掌握一些規律，明確經營方向以及活動的目的，抓住消費人群的心理，以便成功地推廣商品與品牌，把生意做紅火。

第六章

膽大更要心細——
做生意不要小心眼，但千萬不能缺心眼

世界上的富人並不全是受過良好教育
或者高智商的人，有才華的窮人比比皆是。
對於生意人來講，精於算計是最基本的能力。
做生意就如同做人，需要的不僅僅是學富五車，
更需要膽大心細，老實但不缺心眼。

像猶太商人一樣精明

商場如戰場，機會稍縱即逝。在商場上，猶太人絕對容不得模稜兩可、馬馬虎虎。特別是在商定有關價錢時，他們極其認真仔細，一分一厘的利潤，他們也計算得極為清楚。因為猶太人心算快，所以他們經常能做出迅速的判斷，這使他們在談判中鎮定自如、步步緊逼，直至大獲全勝；也使他們在商場上遊刃有餘、坦然從容。對於猶太人來說，精於計算，是為了錙銖必較。與大多數商人不同的是，猶太商人不羞於「斤斤計較」，他們認為，該攫取的利潤絕不應放手。他們既計較得清楚，又能迅速地計算出結果，這就是猶太人的聰明之處，也是他們善於做生意的訣竅之一。

縱觀歷史，猶太商人面臨的競爭遠比別人厲害，他們就像散落世界各地的種子，居然能克服重重困難，取得令人歎為觀止的成就。今天，猶太商人遍佈世界，在世界各地的經濟發展中，扮演著舉足輕重的角色，發揮著極其重要的作用。

究竟是什麼力量奠定了猶太商人今日的地位？除了精明，還是精明。精明不屬性格範疇，而是處理具體事務時的智慧和膽略。猶太商人作為一個具有相同文化背景的群體，在不同環境之中，表現出相同的智慧品格，這與民族性格有緊密的聯繫。猶太商人的精明絕不只是表現在一時一地，而是貫穿於商務活動的始終。這首先表現在他們能審時度勢，善找財源。他們從「二八」法則中發現，男人所賺的錢，都交給了女人來消費，於是便以女性用品為經營對象。從價格高昂的金銀珠寶，到個性化的小型佩飾，猶太商人就是瞄準了女性的錢包，結果大發其財。

猶太商人還盯緊了每個人的嘴巴，把與嘴相關的商品，如食品、酒、菸等，作為自己賺錢致富的第二條通道。他們認為，不分高低貴賤，每個人都要吃東西，今天吃了，明天還要吃，只要活著，嘴巴就是一個無底洞。於是，他們不斷地往顧客的嘴裏填東西，而自己腰間的錢袋卻越來越鼓。

為什麼存在討價還價？商人討價還價的目的是什麼？是想賺取更多的利潤，猶太商人卻不僅限於此。他們認為，一次成功的討價還價，能使自己更有信心，同時可以打擊對方的信心。

作為買方，猶太商人討價還價的策略，是殺起價來非常狠心。為達目的，他們總是不斷挑剔對方貨物的種種毛病，哪怕這些毛病根本不存在，但在他們的窮追猛打之下，對手難免堅持不住，自動敗下陣來。作為賣方，那麼猶太商人就會事先給自己制定出售的底線價格，然後漫天要價，而且絕不輕易讓步，一點一點消耗顧客的意志力。低於底線價格，他們是絕對不會出手的，反過來，你見他們做出無可奈何的樣子，忍痛出售時，一定不要被他們的可憐相所迷惑，說不定他們的心裏正竊喜呢？

猶太人善於精明，這讓他們在商界占盡了便宜。他們絲毫不掩飾自己的精明，而且理直氣壯地說，只有精明才有錢賺。

有一個叫菲勒的猶太富翁，他活了七十七歲，臨死前，他讓秘書在報紙上發佈了一個消息，說他即將去天堂，願意給逝去親人的人帶口信，每人收費一百美元，這一看似荒唐的消息，引起了無數人的好奇心，結果他賺了十萬美元。如果他能在病床上多堅持幾天，可能賺得還會更多些。他的遺囑也十分特別，他讓秘書再登一則廣告，說他是一位禮貌的紳士，願意和一位有教養的女士共居一個墓穴。結果，真有一位貴婦願意出資五萬美元和他一起長眠。

這就是「愛財如命」的猶太人，即使是在生命的最後一刻和生命結束後也不放過賺錢的機會。在猶太人的眼裏，上帝是萬能的神，而金錢則是上帝。崇拜上帝、敬慕上帝是他們生命中不可缺少的一部分，而金錢就是上帝賜予的禮物。

從表面來看，猶太人的精明似乎很神奇，但事實上也不過是換個角度思考問題而已。一個事物總是有其兩面性的，我們經常看到的不過是其中的一個方面，而忽略了另一個方面。注意別人經常會忽略的地方，如果能從這裏看問題，不拘束在大家慣性思維的舊套路裏面，那麼往往就會有出其不意的想法。

猶太人理直氣壯地告訴大家：精明就要堂堂正正，這沒有什麼錯。其他民族的人經常對精明的猶太人懷有敵意，認為他們是不好對付的人，其實只是因為自己的心志不如別人聰明，由佩服別人的機智轉為敬畏別人的精明。

精明不觸犯法律，而且也影響不了自己的道德。猶太人只是用很巧妙的辦法，解決了別人看起來很困難的事情，而這種精明是大家所能接受的，大家也很歡迎這樣的精明。這就是猶太人的精明觀。他們明明白白地告訴顧客「我要賺錢」，他們讓別人清清楚楚地看著他們怎樣賺錢。

和猶太人比起來，中國人不可謂不精明，而且是一個最講「海量」的民族。但在利益與金錢的問題上，中國人的幽默帶著幾分神聖和正經。因為孔老夫子曾被後人強加上了「罕言利」的「桂冠」，所以，所有想表明自己是君子而非小人的人，對「利」字和「錢」字都退避三舍。

面對金錢，中國人編出的是自勉的故事而非自嘲的笑話。中國的傳說中，當初錢幣的鑄造就是加進了孔老夫子的理念。孔子說做生意的人外表不得不圓滑，但內心則一定要方正，所以錢被鑄成外圓內方狀，並被尊稱為「孔方兄」。先做人後做事原本是美德，然而做過了頭，就變成從「君子正人」開始，又做回到「正人君子」。

商人要精明並善於把握機遇，但是絕不能有「投機情結」，更要謹防「投機不成反蝕一把米」！精明得厚重，樸實得靈活才是現代商人所應具備的品格和氣質。

未雨綢繆，防範商業危機

商人要有應變能力，防範危機。在公司鞏固成果，繼續發展的過程中，再周密完善的防範也不能杜絕危機的發生，只是能夠減少它的發生。

在商業領域中所涉及的變數太多，有政治上的突發事件、經濟中的政策調整、法律上的變動，還有自然界的風險、市場需求風險、財務風險等，舉不勝舉。而這些複雜的情況也不是一個人、一個企業甚至一個國家能面面俱到地考慮到的，更不可能事事都能未雨綢繆，預先做好準備。那麼，公司要順利地繼續發展下去，就要有應變的能力。

在企業經營過程中，再精明、再厲害的企業家也不可能把企業可能遇到的危機預料得面面俱到，防範得十全十美，總會有疏漏的地方。再加上個人能力的限制，公司的經營者再會防範，也難免不出錯，不出現風險和危機。公司只能在若干個商業處事的基本原則基礎上加以概括性、原則性地防範。因此，這就給公司提出了一個新的要求，也是進一步的要求，即善於應變。應變作為防範的重要組成部分，更具有一種靈活的主動性，不僅能有效地防範危機的進一步蔓延及困難的加大，也能對以後更成功地進行防範提供依據和借鑒。

一般來說，公司在防範危機的同時要做到善於應變，就要注意以下幾點：

(1)針對與發生危機有關的各種可能因素，擬定一份周詳的切實可行的防範危機的措施計畫。

(2)按照防範措施計畫進行周密的佈置和安排，對每一個環節進行逐一落實，明確具體防範辦法。

(3)要建立早期預警系統，及時發現出現危機的苗頭並高度重視，寧可「小題大做」，也要徹底滅絕那些易引進危機之火的小火星。

(4)把防範危機的注意力向那些易被遺忘的角落裏延伸，因為很多危機的出現都是在不引人注意的地方萌發的。

(5)防範措施要切實可行，不能做表面文章，否則，危機一旦來臨就會招架不住。所以，對防範措施的貫徹要深入，要有嚴格的要求。

(6)危機的發生，有的是因為客觀原因釀成，有的是因為主觀原因。如果只顧眼前利益，就會發生決策上的失誤，一步走錯，滿盤皆輸。最好建立科學的決策系統，防止由於最高決策者的失誤而造成的危機出現。這種對自身失誤的防範是很明智的做法。

(7)要留有預備資源，作為補救戰場危機的機動力量。公司要有防範危機的物質準備，比如，要留有一定的機動資金等，以應急於危難之際。

做生意不能貪心過大

對於每一名經營者來說，能夠把生意做大，是夢寐以求的事情。這不僅能夠帶來更多的利潤，還標誌著自己事業的最大成功。但是，李嘉誠卻對此保持著一種警惕，他說：「作為企業，在生意順利的時候，如果連續擴張後要切忌加大投入，絕對不能過分貪婪。」

俗話說「事不過三」，如果有三年的好景氣，一般人往往會拼命地擴大經營，以致造成投資戰線過長，攤子鋪得過大，給後來經營埋下危機。

從塑膠花轉型地產，再到多元化的經營戰略，李嘉誠推動著自己的公司一步步發展壯大。可以說，沒有做大做強的欲望是不行的。但是，這種欲望，應該是向上的動力，而不能是盲目的貪婪。

事實上，當生意做大的時候，當財源廣進的時候，李嘉誠感受到的不僅是欣喜，更有一份警惕。他時刻克制著自己的貪心，用「理性」保證了決策的科學性和正確性，避免了企業在發展中翻船。

李嘉誠經常提醒大家：「大前年賺錢了，前年賺到了，去年也賺錢了，如果今年還能賺到，那就太好了。可是，這個世界沒有那麼順利的事，賺了三年以後，第四年是不是還會賺呢？所以經商時，應該有賺了三年就退回一年份的想法才好。」

在李嘉誠看來，如果有了這個決心，就不用驚慌，就算排除一年份，還會剩下兩年份。有了這種想法，就不會有苦惱，因此也就不會慌張，因為不慌張，所以能輕鬆地處理事務，這時候也會出現智慧，說不定在第四年還會有賺錢的事。這實際上符合現代經濟中有關波動的規律，是一種經商的大智慧。

細心的人如果稍微注意一下各大企業排行榜，就會發現，在這些排行榜中，每年都約有百分之十左右的公司被淘汰出局，被「新貴」所取代。其實，在現代商業世界裏，每天都有各類公司開張，同時也有許多公司關門倒閉。

而那些每年被淘汰出局的公司，相當一部分是犯了「揠苗助長」、盲目擴張的商家之大忌。也就是說，這些公司的領導人在生意做大的時候，太貪心了，失去了理智，最後敗走麥城。

見到利益，人人都想得到，而且得到的越多越好，這是世人的共同心理。看到別人賺錢，自己也想發財，這是正常的現象。但是君子愛財，取之有道，太貪心是要吃大虧的。

對此，李嘉誠指出：「商業投資需要具有良好的心理素質，禁忌貪欲過甚而不知自制。」作為一個商人，如果貪心過大，那麼他在商戰中很快就會敗下陣來。人由於貪欲不止，往往只見利而不見害，結果是利益也沒有得到，禍害反而先來臨了。

由此可見，在一個高度競爭、劇烈波動的市場中，資金的轉移和再分配往往是在極短的時間裏完成，這就要求投資者具備良好的心理素質，特別要注意克服貪婪心理。

(1)努力克制冒險的衝動

著名投資專家沃倫．巴菲特說：「在別人貪婪的時候恐懼，在別人恐懼的時候貪婪。」企業發展順利，取得一些成就後，領導人往往錯誤地將成就歸功於自己的能力，而且還毫無根據地得出可以把任何規模的企業辦好的結論。

但是，我們不得不認清的是，過於雄心勃勃的發展計畫往往使企業在財務上陷入困境，這是許多企業破產的最常見的原因之一。努力克制冒險的衝動，不忘乎所以，不盲目求快求大，才能避免遭受重大的經濟損失。

(2)保持合適的發展速度

投資是一門藝術，既有巨大利潤的誘惑，又充滿著可怕的陷阱。因此，投資需要理智。如果投資人失去應有的理智，變成「投資狂」，其危險無異於「盲人騎瞎馬」。

企業領導人要意識到，過分追求規模，追求發展速度，而忽略了自己的承受能力，就會帶來不適應，這對企業的健康成長沒有任何好處。因此，要從戰略高度上把握企業的成長步伐，保持合適的發展速度。

●切忌急功近利，被眼前的利益牽著鼻子走，注意積蓄力量，做好擴張或高速發展的準備。

●對企業實力和經營者的能力，以及外部市場環境做出正確的科學的評估，獲取能否「做大」的主客觀方面的結論。

●在投入一種擴張行動之前，必須仔細規劃總的方針和策略，還要充分注意計畫的實施和專有技術以及其他方面的細節。

生意路上防人之心不可無

雖然我們主張做生意要以誠信為本，但是商場如戰場，在商場上爾虞我詐、坑蒙拐騙的事情還是屢見不鮮的，所以在講求誠信的同時，我們也要防止被他人欺騙。

提起騙子，沒有人不深惡痛絕的，很多人都有被騙的經歷。在商場上，大到騙錢、騙物、騙合同，小到騙吃、騙喝、騙樣品，騙子幾乎無孔不入。

所謂騙，就是利用假的東西，誘惑別人，從而得到利益的行為。騙子的行為比起偷盜、搶劫更隱蔽、更狡猾。

從商場上來說，騙子的嘴臉是多種多樣的，而且是千變萬化的，但有一點是共通的，那就是能夠「想你所想、急你所急」。你做生意需要資金或資金拮据嗎？你有一批商品找不到銷路嗎？你遇到什麼麻煩找不著「靠山」嗎？你想發財找不到門路嗎？你想……騙子都能幫你辦成，而且說得頭頭是道，讓你深信不疑。

更為高明一點的騙子不但會說得天花亂墜，如果看你是條「大魚」，往往還會先給你一點「甜頭」嘗嘗，以便讓你「奮不顧身」地去受騙。

那麼，經商時如何能防止受騙，讓自己免受損失呢？這就需要多一個心眼，提高識別騙子的能力。

●凡是騙子，並且是單獨行騙的，通常會先與你「套交情」，對你過分的熱情。凡是這樣的「見面熟」而又有超乎尋常的熱情者往往都有一定的目的。

●凡是騙子要把你作為「獵物」的時候，往往會把你感到非常難辦的事情說得非常容易，甚至他在舉手之間就能解決你天大的難題。一旦你有了「踏破鐵鞋無覓處，得來全不費功夫」的感覺時，離受騙就不遠了。當你暗暗感到欣喜的時候，往往就是你應該提高警惕的時候了。

●騙子之中相當一部分是靠嘴成功的。他們多數都有一張能把稻草說成金條的嘴巴，而且能夠根據你的情緒變化及時作出調整，所說的東西會讓你感到非常真實。這時，你就要提高警覺。因為凡是真的東西都有瑕疵，而假的東西往往能說得完美無缺。

●騙子的慣用手法就是讓你用很少的付出就能得到意想不到的利益。他們總是會給你灌輸「吃小虧占大便宜」，「過了這個村就找不到這個店」的想法。當你感到是一個難得的機遇的時候，最好先想一想「天上不會掉餡餅」和「世界上沒有免費的午餐」的俗話。

●人們的一切活動，都是為了得到利益。尤其是在生意場上，人們的各種活動都是和利益息息相關的，所以在做生意時，要多問幾個為什麼，這不能不說是防止上當受騙的至理名言。

●防騙的最好對策除了識別騙子之外，還要加強自身的防騙能力。如果能做到消除非分之想、不貪意外之財，那麼再高明的騙術也騙不住你的。

騙人之心不可有，防騙之心不可無。做生意要走正道、講誠信，不能欺騙消費者、欺騙合作夥伴，但也需提高自己識別騙子的水準，加強自身的防騙能力。

做生意要老實，不能缺心眼

能在商場上打拼的都不是凡夫俗子。很多對手為了謀利，往往不擇手段，設騙局，設機關。你一旦掉在對手的機關裏，就在劫難逃了。

日本在「二戰」後的幾十年裏飛速發展，迅速跨入了發達國家的行列。一方面是由於其國家政策的引導和支持；另一方面也和日本企業家傑出的經營能力分不開。這些企業家能通過一些富有自己民族特色卻又「別有用心」的服務，使一些自以為聰明的客商步步走進他們的圈套，直到最後才會醒悟，但有利的時機早已錯過。

一次，一位美國商人因生意的需要前往日本談判。飛機在東京機場著陸時，他受到兩位日方職員彬彬有禮的迎接，並替他辦理好了所有的手續。

簡單的寒暄之後，熱情的日本人問道：「先生，您是否會說日本話？」

「哦，不會，不過我帶來一本日文字典希望能儘快學會。」美國人回答道。

「您是不是非得準時乘機回國？到時我們安排您去機場。」日本人又問。

對此不加絲毫戒備的美國人非常感動，趕忙掏出回程機票，同時反覆說明他到時必須離開日本回國。聰明的日本人知道美國人只能在日本停留十四天，只要將這十四天時間牢牢掌握在自己手中，他們就占主動地位了。

首先，日本人安排異國來客做長達一個星期的遊覽，從皇宮到各地風情都飽覽了一遍，甚至根據美國人的癖好，還特地帶他參加了一個用英語講解「禪機」的短期培訓班，聲稱這樣可以使美國商人更好地瞭解日本的宗教風俗。

每天晚上，日本人都會讓美國人半跪在冷硬的地板上，接受日本式殷勤好客的晚宴招待，往往一跪就是四個半小時，令美國人厭煩透頂，叫苦不迭，卻又不得不連連稱謝。但是，只要他一提出進行此次的商務洽談，日本人就會搪塞說：「時間還多，不忙，不忙。」日子就一直這樣過去了。

第十二天，談判終於在一種膠著的狀態下開始了，然而，下午安排的卻是高雅的高爾夫球運動。第十三天，談判又一次開始，但為了出席盛大的歡送晚會，談判又只能提前結束。晚上，美國人已經急得像熱鍋上的螞蟻，但面對日本人的客氣和笑臉，美國人只得強裝笑臉，聽從日本人周密細緻的安排，把晚上的時間花在娛樂上。

第十四天早上，談判在一片送別的氛圍中再次開始，本應在長時間內妥善完成的談判壓縮在半日內進行，其倉促是可想而知的。正當談判處在緊要關頭的時候，轎車鳴響了喇叭，前往機場的時間到了。主客只好捲起協定草案，一同鑽進趕往機場的轎車，在途中再次商談合作的具體事宜。就在汽車抵達機場，美國客人就要步入機場通道的時候，雙方在協議書上簽了字。雙方握手道別，美國人終於完成自己此行所負的責任。

然而，不久之後，當美國商人在履行協議時才發現處處不對勁，己方處處吃虧，這才醒悟過來：原來日本人早有準備，只不過一切陰謀和計策都隱藏在他們那永恆不變的笑容中。美國人這次虧吃得不小，可又無法說出，正是啞巴吃黃連，有苦說不出。

做生意要膽大，更要心細

在商場上打拼的生意人應該知道，並不是所有的「冒險」都能賺到錢，很多時候風險會讓你輸得精光。那麼，如何降低風險的係數呢？這就需要在「膽大」的同時還要「心細」。

在商界，有很多敢於冒險的生意人，但在關鍵時刻，對於一些利潤太高、風險太大的項目，他們總是慎之又慎，甚至中途放棄投資，他們很少涉足那些風險又高利潤又高的行業。他們一般不會對高利潤動心，因為他們知道「世上沒有免費的午餐」，伴隨高利潤的，肯定是高風險。

日本的「生意之神」松下幸之助就是這種投資理念的信徒。一九六四年，日本松下通信工業公司突然宣布不再做大型電子電腦。對這項決定的發表，大家都感到震驚。人們想不通松下已花五年時間去研究開發，投入十億元巨額研究費用，眼看著就要進入最後階段，為什麼卻突然全盤放棄。松下通信工業公司的生意一直很順利，不可能會發生財政上的困難，所以令人費解。

松下幸之助之所以會這樣斷然地做決定，是有其考慮的。他認為雖然大型電子電腦的利潤高，但是風險太大，萬一不慎而有差錯，將對松下通信工業公司產生不利影響。如果到那時再退，就為時已晚了，不如趁現在一切都尚可撤退，趕緊一「走」為好。

投資以後，撤退是最難的。但如果無法勇敢地喊撤退，只一味無原則地冒險，或許就會受到致命的一擊。松下勇敢地實行一般人都無法理解的撤退，足見其眼光高人一籌，不愧為日本商界首屈一指的人物。所以說，冒險的同時一定要心細，有勇氣的同時也要有謀略，這就需要注意以下幾個問題。

●冒險投資除了關注回報率外，還要認識投資風險的大小，如果風險過大，或有不可預測性，投資就要小心。

●對自己進行風險預測，想到可能出現的風險，看自己是否能承受住風險打擊。

●投資時不要做孤注一擲的打算，要適當地合理投資。

●好的防守即是最好的進攻，成功投資的竅門就在於儘量避免犯錯誤。

明察秋毫，投資要有目標

兼聽則明，投資人在通過一些適當的管理來進行投資時，還要通過其他不同的管道來協助，以減少投資的盲目性。

你剛辦公司，沒有太多的經驗，沒有關係，要善於和及時諮詢，力戒自己在項目投資上出現盲目和「大坑」。當代公司界，各大集團、公司都離不開戰略諮詢公司、財務顧問公司等。投資人在進行一些投資項目的選擇時，通常是經過許多不同的管道來協助完成的，例如，銀行、經紀商以及專業的投資公司等等。但由於一些金融機構服務的專案經過立法而放寬了許多，因而使得這些機構之間的服務界限漸趨模糊，故投資人在決定了某處有投資載體開市前，必須詳細理清自己的投資方向，以免胡打亂撞。

投資人若通過一些適當的管道來進行投資，不但可以節省自己的時間，更可彌補自己專業上的不足，但前提是，這些投資諮詢機構必須是值得信賴的。只有這樣，才稱得上是安全可靠的投資。

與他人合作要謹防合同陷阱

現代的商業社會，人們將獲得金錢和財物看成是成功與否的重要標誌，因此有的生意人利用人們的這一心理，設下了所謂能夠賺大錢的陷阱等著你去鑽。所以，作為初入行的生意人，千萬不要相信輕易賺大錢的神話。

合同最要緊的是，儘量簡明扼要地分條寫清自己的權利。若不仔細審閱對方遞過來的合同，就草率蓋章，事後哭都來不及。

在合同上蓋章，從這一瞬間起，就產生了責任。因此，簽訂合同的基本知識就是，熟讀合同，將不滿意之處更正後再蓋章。

若不具備這一基本知識，就會喪失財產或承擔別人的債務。簽訂合同後所發生的糾紛，多半都是由於出現了合同上沒有寫明的變故而導致的。

經常有些心懷叵測的傢伙從一開始就訂出設有陷阱的合同，試圖把對方引入圈套。可以想像，在高度發達的現代社會裏，精於各種欺詐伎倆的騙子異常活躍，能夠製造出合法的、連律師也難以識破的圈套來。在這種情況下，被騙蓋章的一方可就吃虧了。

由此，犯罪分子又增加了一條披著合法外衣欺騙善良市民的途徑。為了不上這種圈套，對那種看上去似乎能輕而易舉地賺大錢的好事別急於簽約。

諸如「有份合同，一個月就可賺回二成本錢」之類的話，根本就不要去聽信。若利慾薰心，伸長脖子探詢，輕率聽信，就將會在人生的路上摔跤。

哪裡會有這麼多便宜可占的好事情。所以若聽到有什麼不需任何努力即可輕易賺到錢的事，應立即認定那是謊言，因為絕不可能有那種事情的。

鄭板橋所謂的「難得糊塗，糊塗難得」，在商場中指的是運用主動的偽裝去戰勝對手的一種策略。這種「糊塗」是主動的、是偽裝的，而不是被動的、真實的。然而在商戰進入白熱化的階段時，總有一些商人們分不清是非，搞不清對錯，將假糊塗變成了真糊塗，將真精明變成了假精明，以致出現嚴重後果。面對這些不懂「難得糊塗」精髓的人們，我們要大喝一聲：「不得糊塗！糊塗不得！」

商場博弈要嚴守商業機密

商戰如同博弈，黑白之間蘊藏著無限的玄機。商場上有太多的變數，我們無法預知。但是治騙在於防騙，時刻在心中保持警覺，周密考慮到可能出現問題的每一個環節，有漏就補，有洞就堵，商業機密就不會成為別人的囊中之物了。

商業秘密是公司在投入大量人力與物力的基礎上獲得的，是公司生存和發展的基礎。然而在現實生活中，這些具有保密性質的技術經濟資訊被非法獲取的情況日趨嚴重。一些公司的商業秘密被某些利慾薰心的人採取各種手段非法竊取，給公司造成了不可估量的損失。這種竊取的方式有各種表像偽裝，或明或暗，或強奪或智取。

一般來說，商業機密是從以下幾方面洩露的：

(1)**疏忽大意，不明不白地洩密**。有些公司對自己的商業秘密不注意保護，使其在疏忽大意中，不明不白地向外洩露。

(2)**人才流動，難以避免地洩密**。隨著勞動力的流動日趨頻繁，一些心懷叵測的人趁調離之機，非法獲取原公司的商業秘密，並伺機賣錢。

(3)**沒有戒備，在涉外交往中洩密**。有的公司在涉外交往中，對外商竊取商業秘密的行為毫無戒備之意，給其留下可乘之機，使公司的商業秘密不知不覺地外泄。

(4)**廢紙垃圾，無聲無息地洩密**。公司辦公室的垃圾隱藏著大量的企業技術資訊和生意資訊，稍不注意，公司的商業秘密就會通過這些廢紙垃圾向外流失。

(5)**後院起火，員工出賣秘密**。如果說公司對外部可以採取各種措施加以防範的話，內部洩密則更令人頭痛。有的公司由於內部管理鬆弛，給某些見利忘義者以可乘之機，致使企業的商業秘密被出賣。

知道了商業秘密一般是如何洩露的之後，該如何防範呢？

●強化保密工作。

●打擊不法分子。

●建立保密制度。

變則通，通則久，求變就是求贏

「變則通，通則久」，是千古不變之理。這一哲學思想體現在生意人的追求和奮鬥上，就在於審時度勢，善於調整，不斷理順和規範成功所必需的各種要素。

在生意商場上，應該知權從變，要隨時間、環境的變化靈活應對。

斯堪的納維亞民航聯運公司（北歐航聯）是瑞典、挪威和丹麥三個北歐國家的航運公司合併聯營而成立的，自一九四六年聯營以來，歷經了不少風風雨雨。

從二十世紀六〇年代開始，民航的客運量保持了穩定的增長，那些沉迷於斯堪的納維亞半島秀麗風光和良好滑雪場地的遊客，絡繹不絕地為它帶來了不少財富。

然而好景不長，自七〇年代末始，客運市場突然大變，北歐航聯也和其他國家的航運公司一樣，逃脫不了一連串的經濟打擊，在經濟上蒙受了重大的損失。這一變化的根本原因在於，一九七九年至一九八一年，北歐航聯從每年盈利一千七百萬美元變為虧損一萬七千美元，這種翻天覆地的變化令人瞠目結舌。

由於世界範圍內的民航業普遍蕭條，致使歐洲各國的航空公司不得不展開激烈地角逐。

北歐航聯一開始採取的一些措施不盡如人意：乘客量繼續下降，虧損仍然持續不斷，公司為減少成本採取的若干措施都進了死胡同。無奈之下，公司董事會對公司的領導成員進行了全面調整，航聯下屬的瑞典國內民航公司的總經理，四十一歲的楊．卡爾森被任命為航聯的總經理。卡爾森是瑞典著名的企業家，他主管瑞典國內民航公司期間，一年就使公司扭虧為盈，利潤豐厚。

卡爾森上臺之後，針對北歐航聯的狀況，推出了一整套革新方案。他認為，要改變公司的現狀，實現經濟的根本好轉，立足點不應該放在縮減、壓縮成本這一消極措施上。要在亂中求勝，在競爭中脫穎而出，必須採取積極的手段。在卡爾森看來，這種積極手段就是努力開拓財源，「招攬顧客，高於一切」，只有擁有一大批穩定的顧客，才有在競爭中求勝的基礎。因此，為縮減成本而嚇跑顧客的做法，純粹是買櫝還珠之舉。卡爾森要做的，不是去「殺雞取卵」，而是在招攬顧客方面大量投資，借雞生蛋。

當時北歐航聯的乘客，大致可分為兩大類：一類是由於商業需要往返於歐洲各地的商人，另一類是到北歐遊玩、滑雪和登山的旅客。

由於北歐各國大力扶持旅遊業的發展，對那些前來旅遊的旅客給予各方面優待，遊客可以通過旅遊公司預訂客機的座位，並且購買機票可以享受半價的價格優惠；而那些商人則需花兩倍於旅遊者的價錢，享受與旅遊者相同的機上待遇。

北歐航聯的乘客中，旅遊乘客占絕大多數，商業乘客只是一小部分，卡爾森敏銳地發現了這一特點。他決定抓住這為數很少的乘客，以此為突破口，開展工作，以恢復公司信譽，招攬更多的顧客。

經過與董事會的再三協商，卡爾森終於得到一批資金並用它開設了歐洲商業旅客專用艙，取名「歐洲艙」，也就是取消頭等艙，而把商業乘客集中安置在與二等艙隔開的機艙前部。

「歐洲艙」的設立，給商業乘客帶來了許多方便，贏得了這部分乘客的好感。而航聯針對商業乘客的職業特殊性所採取的一系列措施也為越來越多的人所知道，從而吸引了越來越多的商業乘客。

在卡爾森的努力下，航聯的困境終於過去了，但他仍未滿足。為吸引更多的乘客，卡爾森把北歐航聯的舊客機整容更新，把內部設施也加以更換，並且讓機組人員改著時髦新裝，使得乘客們耳目一新，精神也為之大振。

一九八二年，法國航空公司虧損一億美元以上，經營較好的瑞士航空公司完稅前盈餘額也只有一千九百萬美元，而北歐航聯不僅扭轉了一九八一年的虧損，而且創利七千一百萬美元。由此可見，自主地把握商業活動中的時機可創造巨大的利潤。

在危機來臨時，變化也許不能馬上找到一條光明大道，但不變則永遠沒有出路。經商不能按照教科書去做，必須靈活變通、敢捨敢放，這樣才能盤活自己的生意。

商人的腦子最值錢的，就在於此。不守死法，求變求通，以最有效的方式做生意，印證了那句古話：變則通，通則久。

第七章

學會看人說話——

會說話才能讓你在商場中賺大錢

語言是一個人最好的名片，尤其是在生意場上。
世界上有無數可以賺錢的方法，
但最快、最方便的無疑就是懂得說話。
幾句恰如其分的話就有可能決定事情的走向。
如何通過巧妙的說話方式和臨場反應的智慧，
摸清生意成功的門道、抓住顧客群，才是關鍵。

語言是自己最好的名片

建立個人品牌需要建立知名度，這就要掌握口語表達的技巧。雖然你的語言不必像柯林頓那樣精彩，但是一定要能夠清楚、從容地表達自己。

說話人人都會，可是，要說到人人都喜歡聽的程度，那就不是人人都能輕而易舉地辦到的了。唐太宗李世民曾評論過「變」字說：「語言者，君子之樞機，『談』何容易！」孔子的得意弟子曾子，也把儀容、風度、言辭的修繕，作為個人品性形象的三大要素。而老子更是把語言作為一種使用價值，說「美言可以加市」，意即一個人只要能巧妙地駕馭語言，就可以換來他所需要的東西。

人際傳播是離不開語言的，說話的內容、選詞造句，說話的語言、語調，說話的身姿、手勢、表情……都會給對方留下一定的印象，即每個人都對他人樹立了自己的語言形象。

「談吐往往讓人留下第一個印象。」美國語言治療師霍爾說，「你講話的方式，反映你的智慧和性格。」所以，如果你言語閃爍不定，夾著很多呵、嗯等詞，你的形象定會被打折扣。

「嗯、呵」等裝飾詞只能說明你猶豫不決，緊張而缺乏智慧，那會令你顯得優柔寡斷、緊張甚至笨拙。霍爾說，如果要改變這樣的習慣，寫張提醒字條，貼在電話旁邊，久而久之就能戒掉。

還有，別忘了糾正你的語調和節奏，如果你說話像小女孩，別人也會視你為小女孩。嘗試將聲音放得低沉，確保咬字清晰，你就會顯得較成熟、專業和有智慧。

儘量不要在句子的尾聲提高音量，譬如當你的老闆問你，賬目是否能在下周趕出來，用高音回答「好啊」，顯得你緊張不安，若改用低沉的聲音回答「好的！」語氣就比較肯定。

此外，如果你說話時斷斷續續、急促且不斷呼吸，會令人感覺你驚慌失措，所以，在緊張時最好放慢語氣，而且事先想好要講些什麼，上司會提出什麼問題，你要如何反應等，才能臨危不亂。

一個人的表達溝通能力在某種意義上，是一個人能力的集中體現。一個人說話的過程就是一個語言形象塑造的過程。語言形象是否具有魅力，直接影響到自身是否對對方具有吸引力。

風趣幽默的說話方式

運用幽默的故事和風趣的語言去刻畫複雜的事物，往往幾句話就可以使你的形象樹立在公眾面前，使聽眾在笑聲中增加對你的好感和信任。

適度的幽默就像是一根閃著金光的魔杖，輕輕地揮舞它，就能讓蒼白的辦公室生活開出五顏六色的花朵來。

女人要優雅，男人要幽默，優雅與幽默是一種恆久的時尚。從一個人優雅的舉止裏可以看到一種文化教養，讓人賞心悅目；從一個人的幽默中可以品味出一種獨特的機智，讓人開懷大笑。

幽默，可以出奇制勝，化腐朽為神奇，藏醜顯美。

古希臘著名哲學家柏拉圖長得一點都不秀氣，但他卻談笑風生，說自己的眼睛像金魚一樣凸現，這符合光學上的透視原理；鼻子朝天沖去，有利於呼吸新鮮空氣；嘴闊大無比，更適合跟女孩接吻。聽了這些有趣的夫子之道，人們不但不會對這位相貌醜陋的大哲學家感到厭惡，反會覺得他長得有個性，醜得恰到好處！幽默，可以顯露其謙虛的個性。

幽默，是其個性、情感、胸襟和才識綜合魅力的展示。幽默的形式，或自嘲或諷喻，不一而足。幽默的場所，可以說是無時不有，無處不在。社交場合來點幽默，可以先聲奪人，活躍氣氛，使自己同生人之間一下子拉近了距離。

有次老舍先生見到了梅蘭芳大師說，咱們兩個人你是「君子」，我是「小人」，一句話使得梅先生及在場的許多文化名人茫然無措。當老舍先生道出其天機，「君子動口，小人動手」，梅先生唱戲是「動口」，自己創作是「動手」後，大家頓時忍俊不禁，氣氛一下子熱烈起來。

幽默的人，魅力無窮。幽默的人，人見人愛。幽默，不是語言上的巧嘴貧舌，而是多姿多趣的心智的折射。

幽默有一種魅力，一個富有幽默感的人，無疑也是一個語言大師。

那麼，如何做到幽默風趣呢？

首先，**利用玩笑、軼事或妙語產生幽默**。一個得體的玩笑、軼事、妙語會使談話的氣氛變得活躍，內容變得豐富。

紐約一家大型公共關係機構的撰稿人范・米特說：「幽默必須自然地出自講話者之口。如果一位高級官員在其親朋好友中都開不成玩笑，那他在公共場合永遠也不會以玩笑取勝。」當然幽默不只是玩笑。

事實上，某些最優秀的談話者根本就不開玩笑，他們通過寓意深刻的軼事、滑稽可笑的故事而使主題增色。

其次，**利用修辭產生幽默**。比喻、反語等修辭手法本身就含蓄幽默。

公司公關人員告訴公眾：「廣告對商業是有益的，因為它使人們瞭解到可供選用的產品。」公眾可能會對其報以不耐煩的哈欠聲，說：「唉！那又怎麼樣？我們知道。」其實，他打個比方也可以表達同樣的意思：「做生意而沒有廣告，就像你在黑暗中向一個女孩傳遞秋波，除了你自己，誰也不知道你在做什麼。」這樣的表達更易被聽眾理解和接受。

具有適當的幽默感，不僅能給你事業帶來極大好處，而且會使你的工作更有樂趣。幽默可以消除緊張情緒，創造一種輕鬆愉快的工作氣氛，從而使你的事業更為成功。

它同樣也是塑造成功形象的一個因素。每當面臨選擇時，絕大多數人都願意與那些有幽默感的人打交道。

學會說話好辦事

學會運用語言的威力，掌握說話的藝術，不僅是人際交往中增進感情的催化劑，更是我們擺脫困境達到事業成功的保證。

有家父子冬日在鎮上賣便壺（俗稱「夜壺」，舊時男人夜間或病中臥床小便的用具），父親在南街賣，兒子在北街賣。不多久，兒子的地攤前有了看貨的人，其中一個看了一會兒，說道：「這便壺大了些。」那兒子馬上接過話說：「大了好哇！裝的尿多。」人們聽了，覺得很不順耳，便扭頭離去。在南街的父親當聽到一個老人自言自語說「這便壺大了些」後，父親馬上笑著輕聲接了一句：「大是大了些，可您想想，冬天夜長啊！」好幾個顧客聽罷，都會意地點了點頭，繼而掏錢買走了便壺。

父子兩人在一個鎮上做同一種生意，結果迥異，原因就在會不會說話上。我們不能說兒子的話說得不對，他是實話實說。但不可否認，他的話說得欠水準，粗俗的語言難以入耳，令人聽了很不舒服。

而父親則算得上是一個高明的推銷商。他先贊同顧客的話，以認同的態度拉近與顧客的距離，然後又以委婉的話語說「冬天夜長啊」，這句看似離題的話，無絲毫強賣之嫌，卻又富於啟示性。這設身處地的善意提醒，顧客不難明白。賣者說得在理，顧客買下來也就是很自然的了。

解縉陪明太祖朱元璋在金水河釣魚，不料一上午一無所獲，朱元璋深感失望，即命解縉「以詩記之」。這可是個風險極大的事。沒釣到魚乃是件憾事，如果直錄其事激怒皇上，豈不是腦袋不保？但既然皇上有令，如果不錄，豈不是有意抗旨？不過，這難不倒解縉，只見他稍加思索，便念出了一首漂亮的小詩：「數尺綸絲入水中，金鈞抛去永無蹤，凡魚不敢朝天子，萬歲君王只釣龍。」明太祖聽了開懷大笑。

請注意這首詩，前兩句的確是「遵旨而行」的實寫，而後兩句則是巧妙的勸慰——釣不到魚，那是因為皇上至尊至貴，「凡魚」不敢上鉤。就這麼一「勸」，皇上樂開了花。

試想，如果解縉沒有出色的想像力，不善於用語言將其準確迅速地表達出來，是不可能取得既直陳其事又勸慰皇上，並且保全自己性命這樣「一箭三雕」的效果的。

不擅說話的人，可能註定了要一輩子平庸，深諳說話之「術」的人，卻常常能在最不可能處扭轉乾坤。

元代的關漢卿因為編演《竇娥冤》，得罪了統治者，官府要捉拿他治罪。關漢卿得知消息後，連夜逃走。途中，遇到幾名捕快。

班頭問：「你是幹什麼的？」

關漢卿順口答道：「三五步走遍天下，六七人統領千軍。」

班頭明白了：「原來你是唱戲的。」

關漢卿又吟道：「或為君子小人，或為才子佳人，登臺便見；有時歡天喜地，有時驚天動地，轉眼皆空。」

班頭見他如此伶俐，出口成章，便問道：「你是關……」

關漢卿笑道：「看我非我，我看我，我亦非我；裝誰像誰，誰裝誰，誰就像誰。」

班頭本來愛看戲，特別愛看關漢卿編演的戲。知道眼前這人便是關漢卿。捉他吧，於心不忍，不捉吧，五百兩賞銀便沒了。關漢卿看透了他的心理，便順口吟道：

「臺上莫漫誇，縱做到厚爵高官，得意無非俄頃事；眼前何足算，且看他拋盔卸甲，下場還是普通人。」

這副對聯打動了班頭，他便對另幾名捕快說：「放他去吧，這是個瘋子。」關漢卿就這樣脫了險。

有位西方哲人說過：「世間有一種成就可以使人很快完成偉業，並獲得世人的認識，那就是講話令人喜悅的能力。」語言不僅是交際的工具，更是一門學問、一門藝術。有的人缺少「嘴」上的功夫，說話乏「術」，因此，言談表達往往「話不投機」，以致很難把事情辦好，有時甚至還會將好事辦砸。而有的人則能得體地運用語言準確地傳遞資訊、表情達意，有的人甚至能點「語」成金，使所言收到奇佳的表達效果。

話要說到心坎上

人們饑餓的時候給他半塊饅頭，比在他富有的時候給他十根金條更能讓人刻骨銘心。說話亦是如此，話要說到心坎上才能打動別人。

生活中，無法避免地經常處在複雜的利害關係和多種衝突的漩渦中，尤其是在現今人多但資源有限的市場經濟環境下，競爭非常激烈，商界和政界人士對此可能更有感觸。在說服他人時一定要以對方為出發點，要讓他明白各種利害關係，挑明他的利益所在，把話說到對方的心坎裏，然後再關聯到自己的目的和利益，這樣才能更容易地說服對方。

在美國，神學院畢業的學生，必須要到鄉村教堂去當一定時間的牧師，一來可以豐富他們的工作經驗，二來可以鍛煉他們的韌性和毅力，為他們日後能夠更好地宣傳神學、更好地發展打下基礎。

有一位成績和各方面表現都十分突出的學生，從一所著名的神學院畢業後，自願到一個以牧業為主、生活十分艱苦、人們的認識還很落後的村莊去擔任牧師。為了使那裏的人們更容易地接受自己，並擴大自己的影響，從而使得人們能夠更好地領會神的旨意，他準備召開一個佈道大會。經過緊張而又繁忙的準備之後，他的佈道大會如期召開了。

但令他失望的是，他等了足足一個上午，卻只有一個牧童來到了會場。於是他心灰意懶，準備將佈道大會取消，但為了不讓牧童反感，他開始主動向牧童徵詢意見。結果牧童說：「親愛的牧師先生，要不要取消大會我不知道，但我知道一件事，在我所養的一百隻羊中，就算迷失了九十九隻，只剩最後一隻，我還是要養牠。」

年輕牧師頓有所悟，決定大會如期舉行。牧師使出渾身解數，對這位牧童全力進行灌輸，想不到這位牧童竟然睡著了。

牧師非常難過，卻又不好意思叫醒牧童，結果他又等了整整一個下午。到了黃昏，牧童醒了，牧師就迫不及待地問牧童：「你為什麼睡著了，難道我講得不好嗎？」

牧童回答說：「親愛的牧師先生，你講得好不好我不知道，但我知道，當我在養羊的時候，絕對不會拿我最喜歡吃的漢堡給羊吃，而要拿給羊最想吃的牧草。」牧師經過一番思考，終於大徹大悟。

過了不長時間，這位牧師成為了全美國最著名的牧師。

那麼，如何才能做到把話說到別人的心坎裏呢？主要從以下幾個方面考慮：

首先，**你要清楚地瞭解對方的過去**。當然，你不需要像一個偵探一樣事無巨細地瞭解一切，因為你需要的不是他的全部，只需留心他的日常言行，傾聽周圍人群的談論，你就會對他的處世風格、性格愛好、優點缺點等瞭若指掌。

其次，**你要關注對方的現狀**。你跟對方交流，應該是有目的的。知道了對方的現實問題和急需之處，你在說話的時候就不會無的放矢。

最後，**你要為對方提點建議**。說，總是有一定內容的，而且這些內容必須傾向於為對方解決問題，創造未來。也許你說的東西不一定非常管用，但沒關係，至少你「說」的目的已經達到，你們的關係也會因為默契的交流而更加密切。

在「說」之前，你要明白，對方想聽什麼、愛聽什麼、最需要什麼，否則，說了還不如不說。也就是說，要揣摩聽者的心理。人世間有很多道理是相通的，做事需要我們考慮別人的需求，說話、交流也必須要重視他人的需要。

用微笑打動他人

在戰爭中，一位普通軍官不幸被俘，接著被投進了陰冷的單間監牢。就在將要被處死的前夜，軍官摸遍自己的全身，竟然意外地發現了半截皺巴巴的香菸。那位軍官心裏很高興，他非常想吸上兩口，以便緩解一下面對死亡時的恐懼。

可他沒有火柴，唯一的辦法就是求助於窗外的士兵了。再三請求之下，鐵窗外那個木偶似的士兵總算毫無表情地掏出火柴，劃著火，給這位軍官點上了菸。

當四目相對時，軍官不由得向士兵送上了一絲微笑。令人驚奇的是，那士兵在幾秒鐘的發愣後，嘴角不太自然地上翹，最後竟也露出了微笑。以此為契機，兩人開始了交談，談到了各自的故鄉，談到了各自的妻子和孩子，甚至還相互傳看了珍藏的與家人的合影。談到高興處，兩人都會心地笑了起來，談到傷心處，兩個人都落下了眼淚。當天快要亮時，這位軍官離死亡也越來越近了。當軍官淚水縱橫的時候，意想不到的事情發生了——那位士兵竟然悄悄地放走了他！

微笑是在人際交往中，能給人帶來輕鬆和愉快的情緒，從而創造和諧的交際環境。每個人都喜歡面帶笑容的人，因為這是一種令人感覺愉快的面部表情，它可以縮短人與人之間的心理距離，為深入溝通與交往創造溫馨的氛圍。因此有人把笑容比作人際交往的潤滑劑。

一位女士朝一位面帶憂傷的陌生人笑了笑，微笑讓陌生人感覺很好，讓他想起與過去一位朋友的友誼，於是他給這位朋友寫了一封信。這位朋友看到信後很高興，午餐用罷，小費給的十分慷慨。服務員驚喜萬分，憑直覺用小費買了彩票，中了獎的他，把一部分錢給了街上的流浪漢。流浪漢非常感激，因為他已經好幾天沒吃東西了。

吃過外賣後，在回家的路上，他看見一隻渾身打顫的小狗，就把牠抱回自己又黑又暗的小屋裏取暖。小狗慶幸自己能躲過外面的暴雨，對主人很是感激。當晚，房子著火了，小狗狂吠報警直到叫醒了房子裏所有的人，大家得救了。當晚得救的人當中，有一個人成為了後來的物理學家。所有這一切都因為一個簡單的微笑。

真正的微笑都是發自內心的，裏面滲透著自己的情感，表裏如一。而且，也只有毫無包裝或矯飾的微笑才具有感染力，才能被視作「參與社交的通行證」。

的確，沒有人能輕易拒絕一個笑臉。笑是人類的本能，要人類將笑容從臉上抹去是件很困難的事情。由於人類具有這樣的本能，因此微笑就成了人們之間最短的距離，具有神奇的魔力。真誠的微笑是交友的無價之寶，是社交的最高藝術，在為人處世中，微笑是一盞永不熄滅的綠燈。

成功的人士臉上總是帶著微笑，因為他們知道微笑的力量。一個表情不友好的人會讓別人退避三舍，反之，一個臉上經常帶著微笑的人，就會使人忍不住和你親近，這樣的人總能夠在心理上給人一種平易近人的感覺。

微笑是好感的象徵，有了真誠燦爛的微笑，就能夠打動每一個人，所以要時刻注意自己的微笑，用微笑為自己樹立一個良好的形象。

微笑，是人類傳達親和態度的媒介。只有會微笑的人，才能在人際交往中更受歡迎。每天多微笑幾次，不僅是對熟悉的人，也對陌生人。這樣，你就會經常收穫一份友好。

告訴他，是自己人

在與人的交往中，時間長了，相互之間就會產生一些影響，彼此間還會產生一些相同的東西。在交往過程中，有些交際高手會通過一些方法強化這種影響，融洽彼此之間的關係。「自己人效應」就是一種彼此影響下的心理現象，所謂「自己人」，就是指對方已經把你與他歸於同一類型的人。善於交際的人會利用「自己人效應」，在他人的心中建立起一種歸屬感，以達到融洽雙方關係的目的。

心理學研究表明，每個人都害怕孤獨和寂寞，希望自己歸屬於某一個或多個群體。最初人們需要家庭，繼而希望融入其他團體。群體的歸屬是人的一種需要，這種需要不僅是身體上的，更是心理上的。當歸屬感被滿足時，人們就可以從中得到溫暖，從而消除或減少孤獨和寂寞感。「自己人」就是一個滿足歸屬感的方法。

無論是孩子還是大人，如果找不到自己的歸屬感，就會不停地製造麻煩，永遠無法安樂，這樣既會傷害自己，也會傷害到別人。從某種意義上講，人際交往就是一個尋找歸屬感的過程。當你通過交往建立起自己的朋友圈子時，就滿足了自己內心歸屬的需要。如果你想結交一個朋友，你就需要融入對方的圈子，從中找到自己的歸屬。當一個人被告知是「自己人」的時候，心中就會不由自主地變得溫暖起來，從而使他對「自己人」所說的話更信賴、更容易接受。利用「自己人」的效應，可以滿足人們內心的歸屬感要求，只有深入人心，才能輕而易舉地贏得他人的認可。

若是想得到他人的信任，就必須把對方當成自己人看待，通過「自己人效應」激發對方內心的歸屬感，這樣才能撥動對方的心弦。

通常情況下，在生活中碰到挫折或困難時，對歸屬感的需求就會更加強烈。實際上，很多事情並不是一個人所能承受的，這就需要更多人的支持。在他們碰壁之後，受傷的心需要修復，也離不開他人的幫助。

歸屬感大致可以分為五個維度，即：舒適感、識別感、安全感、交流感、成就感。對此，「自己人」都可以一一滿足。要想通過歸屬感來融洽人際關係，最好的辦法就是利用「自己人效應」，當然，「自己人」不可亂用，應該掌握正確的方法。

首先，**應使雙方處於平等的地位**。如果彼此所處的位置不一樣，即使你的言辭表述富麗堂皇，也不能引起對方的共鳴。無論是同甘共苦，還是換位思考，都是為了讓彼此的心靈處於同一平面上，這樣才有可能產生「共振」。要想取得對方的信賴，先要和對方縮短心理距離，與之處於平等地位，這樣才能提高你的人際影響力。

其次，**應強調雙方一致的地方**。要讓對方認為你是「自己人」，從而使你提出的建議易於被接受。如果你沒有根據就稱自己為對方的「自己人」，對方不僅不會信任你，反而會覺得你輕浮不可信，甚至懷疑你有所圖謀。

最後，**個人應當有良好的個性品質**。如果一個人缺乏良好的品質，即便他把別人當成自己人，別人也不屑於與之為伍。試想，誰願意與品行不良之人為一夥？

總之，要想讓自己的人際關係更融洽，就一定要擅用「自己人效應」。

巧妙運用激將法

激將法主要是通過隱藏的各種手段，讓對方進入激動狀態（憤怒、羞恥、不服、高興），導致其情緒失控，然後無意識的受到操縱，去做你想讓他做的事。

說到底，人是感情的動物。所以在人際交往中，必須想方設法調動感情的力量，來激發人的積極性，點燃其熱情和幹勁。「激將」就是一種很好的策略。雙方在對壘之中，一是看忍功耐心，比誰更冷靜；二是看誰扮演得更天衣無縫，使對方察覺不到自己的真實意圖。

戰國時的晏子博學多才，聰明機智，是齊國有名的政治家，為齊國的富強做了很多事，齊景公提拔晏子做了相國。

當時齊國有三個大力士，一個叫公孫捷，一個叫田開疆，一個叫古冶子，號稱「齊國三傑」。他們因為勇猛異常，深受齊景公寵愛，晏子遇到這三個人總是恭恭敬敬地快步走過去。可是這三個人每當見晏子走過來，卻依然坐在那裏連站都不站起來，根本不把晏子放在眼裏。而且仗著齊景公的寵愛，為所欲為。

當時，齊國的田氏，勢力越來越大，他聯合國內幾家大貴族，打敗了掌握實權的欒氏和高氏，威望越來越高，直接威脅著國君的統治。田開疆正屬於田氏一族，晏子很擔心「三傑」為田氏效力，危害國家，想把他們除掉，又怕國君不聽，反倒壞了事。於是心裏暗暗拿定了主意：用計謀除掉他們。

一天，魯昭公來齊國訪問，齊景公設宴招待他們。魯國是叔孫培執行禮儀，齊國是晏子執行禮儀。君臣四人坐在堂上，「三傑」佩劍立於堂下，態度十分傲慢。正當兩位國君喝得半醉的時候，晏子說：「園中的金桃已經熟了，摘幾個來請二位國君嘗嘗鮮吧！」齊景公傳令派人去摘，晏子說：「金桃很難得，我應當親自去摘。」

不一會兒，晏子領著園吏，端著玉盤獻上六顆桃子。景公問：「就結這幾個嗎？」晏子說：「還有幾個，沒太熟，只摘了這六個。」說完就恭恭敬敬地獻給魯昭公、齊景公每人一個金桃。魯昭公邊吃邊誇金桃味道甘美，齊景公說這金桃不易得到，叔孫大夫天下聞名，應該吃一個。叔孫格說：「我哪裡趕得上晏相國呢！這個桃應當請相國吃。」齊景公說：「既然叔孫大夫推讓相國，就請你們二位每人吃一個金桃吧！」兩位大臣謝過景公。晏子說：「盤中還剩下兩個金桃，諸君王傳令各位臣子，讓他們都說一說自己的功勞，誰功勞大，就賞給誰吃。」齊景公說：「這樣很好。」便傳下令去。

話音未落，公孫捷走了過來，得意洋洋地說：「我曾跟著主公上山打獵，忽然一隻吊睛大虎向主公撲來，我用盡全力將老虎打死，救了主公性命，如此大功，還不該吃個桃嗎？」晏子說：「冒死救主，功比泰山，應該吃一個桃。」公孫捷接過桃子就走。

古治子喊道：「打死一隻虎有什麼稀奇！我護送主公過黃河的時候，有一隻黿咬住了主公的馬腿，一下子就把馬拖到急流中去了。我跳到河裏把黿殺死了，救了主公，像這樣大的功勞，該不該吃個桃？」景公說：「那時候黃河波濤洶湧，要不是將軍除黿斬怪，我的命就保不住了。這是蓋世奇功，理應吃個桃。」晏子急忙送給古冶子一個金桃。

田開疆眼看金桃分完了，急得跳起來大喊：「我曾奉命討伐徐國，殺了他們主將，抓了五百多俘虜，嚇得徐國國君稱臣納貢，鄰近幾個小國也紛紛歸附咱們齊國，這樣的大功，難道就不能吃個桃子嗎？」晏子忙說：「田將軍的功勞比公孫將軍和古冶將軍大十倍，可是金桃已經分完，請喝一杯酒吧！等樹上的金桃熟了，先請您吃。」齊景公也說：「你的功勞最大，可惜說晚了。」

田開疆手按劍把，氣呼呼地說：「殺黿打虎有什麼了不起！我跋涉千里，出生入死，反而吃不到桃，在兩國君主面前受到這樣的羞辱，我還有什麼臉活著呢？」說著就揮劍自刎了。

公孫捷大吃一驚，拔出劍來說：「我的功小而吃桃子，真沒臉活了。」說完也自殺了。

古冶子沉不住氣說：「我們三人是兄弟之交，他們都死了，我怎能一個人活著？」說完也拔劍自刎了。人們要阻止已經來不及了。

魯昭公看到這個場面無限惋惜地說：「我聽說三位將軍都有萬夫不當之勇，可惜為了一個桃子都死了。」

可惜是可惜，碰上了晏子這激將法祖師爺，也只有死路一條。激將法的基本道理便是讓你的好勝之心一躍而起，把什麼都放在一邊，命也不要地去爭設置好的東西。

1.先知將，再去激

施用激將法，除了要考慮對方身分以外，還要注意觀察對方的性格。一般說來，一個人的性格特點往往通過自身的言談舉止、表情等流露出來，對於這些不同性格的對話對象，一定要具體分析，區別對待。

2.戳到對方的痛處

「激將法」中的「激」字，確切地說，就是要從道義的角度去激對方，讓對方感到不再是願不願意去幹，而是應該、必須去做。對於義，每個人都有自己的衡量標準，在每個人的心中都有一面旗豎在屬於做人的道德的領地。激之以道義，恰恰是去觸及對方的內心深處，讓他認為對方求助的實質是道義的行為。

還可以通過故意貶低對方，看不起他，說他不行，並借此激起對方求勝的欲望，也能使其超水準發揮，從而達到激將的目的。

3.利用「逆反心理」

對於有些人，在某種事情上，你禁止他做，他便會禁不住去做，尤其是倔強的人更會如此。反之，你放手不管，說「你儘管做吧」，對方反而不願服從，或者起了懷疑，結果就不去做了。懂得這個道理，便能在很多場合操縱人心。

牽著對方的鼻子走

生活中的許多日常用品、用具都安有把柄，以方便使用。在人情關係學中，尋找把柄、製造把柄主要用於控制他人，使其為我所用，聽我調遣。

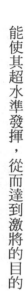

每個人都有弱點，這些弱點利用好了便是很好的把柄。面對性格急躁者可用激將法，連他的趣味、喜好也可以用作打開其欲望之門的鑰匙。只要拿他最喜歡或忌諱的東西去誘惑或打擊他，他就必定上鉤，授你把柄。

另外，有些把柄是隨機出現的，如辯論之中的口誤，應該及時抓住，窮追猛打。如果對手把柄難尋或沒有漏洞，也可以發揮創造性製造或挖掘把柄，再安到他身上去。

關於把柄要注意以下幾點：

1. 抓刀抓刀柄，制人拿把柄

漢代的朱博本是一介武將，後來調任左馮翌地方文官。他利用一些巧妙的手段，制服了地方上的惡勢力，被人們傳為美談。

在長陵一帶，有個大戶人家出身的名叫尚方禁的人，年輕時曾強姦別人家的妻子，被人用刀砍傷了面頰。如此惡棍，本應重重懲治，只因他用重金賄賂了官府的功曹，不但沒有被革職查辦，最後還被調升為守尉。

朱博上任後，有人向他告發了此事。朱博覺得太不像話了！就去傳見尚方禁。尚方禁心中七上八下，硬著頭皮來見朱博。朱博仔細看了看尚方禁的臉，果然發現有傷痕。

就將左右退開，假裝十分關心地詢問究竟。

尚方禁做賊心虛，知道朱博已經瞭解了他的情況，就像小雞啄米似的接連給朱博叩頭，如實地講了事情的經過。他頭也不敢抬，只是一個勁地哀求道：「請大人恕罪，小人今後再也不幹那種傷天害理的事了。」

「哈哈哈……」朱博突然大笑道，「男子漢大丈夫，發生這種事情本是難免的。本官想為你雪恥，給你個立功的機會，你能效力嗎？」

於是，朱博命令尚方禁不得向任何人洩露今天的談話情況，要他有機會就記錄一些其他官員的言論，及時向朱博報告。尚方禁已經儼然成了朱博的親信、耳目了。

自從被朱博寬釋重用之後，尚方禁對朱博的大恩大德時刻銘記在心。所以，幹起事來也特別賣命。不久，就破獲了許多起盜竊、強姦等犯罪活動，工作十分見成效，使地方治安情況大為改觀。朱博遂提升他為連守縣縣令。

又過了相當一段時期，朱博突然召見了那個當年受了尚方禁賄賂的功曹，對他進行了嚴厲訓斥，並拿出紙和筆，要他把自己受賄的一千錢以上的事通通寫下來，不能有絲毫隱瞞。

那位功曹早已嚇得如篩糠一般，只好提起筆，寫下自己的斑斑劣跡。

由於朱博早已從尚方禁那裏知道了這位功曹貪污受賄的事。所以，在看了功曹寫的交代材料後，覺得大致不差，就對他說：「你先回去好好反省反省，聽候裁決。從今以後，一定要改過自新，不許再胡作非為！」說完就拔出刀來。

那功曹一見朱博拔刀，嚇得兩腿一軟，又是打躬又是作揖，嘴裏不住地喊：「大人饒命！大人饒命！」只見朱博將刀晃了一下，一把抓起那位功曹寫下的罪狀材料，三兩下將其剁成紙屑，扔到紙簍裏去了。

自此後，那位功曹終日如履薄冰、戰戰兢兢，工作起來也是盡心盡責，不敢有絲毫懈怠。

抓刀要抓刀柄，制人要拿把柄。智者在對手身上發現了弱點，從不會輕易放過，而是用其弱點「拿住他」為我所用。

2. 明論身器，暗話難防

一九六六年是美國的大選之年，在總統候選人裏，共和黨方面，推出了總統福特出來角逐；民主黨方面，出現了卡特與愛德華．甘迺迪較量的局面。

甘迺迪靠其龐大的家族財勢，以及兩位兄長為國殉職的聲望，兼以擔任參議員多年的經歷，欲問鼎總統候選人的寶座，簡直可以說是探囊取物。

卡特以一農夫出身，雖有擔任州長的經驗，但是作為甘迺迪的對手，卡特眼見力攻無望，唯有計取。當時華府政治人物不名譽事件又層出不窮，所以，狡猾的卡特就緊緊地抓住這一弱點，開始了一連串攻擊已死去的約翰．甘迺迪的行動。

其中，有甘迺迪總統命令美國中央情報局，謀殺外國領袖的陰謀的細節，說甘迺迪總統在白宮裏面亂搞女人，甚至居然還有一位名叫艾絲納的女人，出面對新聞界大談她曾和甘迺迪總統上床的事。進一步又扯出一位黑手黨的首領，說他如何幫助甘迺迪違法當選等等。

這些宣傳的目的，無非是要醜化其家族的形象，抓住稍許捕風捉影的弱點，大肆宣揚，以達到打擊的目的。在這種猛烈的攻擊下，愛德華．甘迺迪果然招架不住，不得不宣布退出角逐。

到了一九八〇年，愛德華．甘迺迪和卡特再度交鋒，競爭民主黨的總統候選人。此時卡特為現任總統，他知道一九六六年的打擊策略已經不能再用，因為對那些陳年舊賬，選民不會再有新鮮感。

所以，他就慫恿新聞記者抬出「柯魯珍事件」，講述愛德華．甘迺迪當年對溺水的女友見死不救的經過，這樣的一個人如何會有他自己所謂的「領袖氣質」呢？窮追猛打的結果，是愛德華．甘迺迪終於再度敗於卡特之手。

很多人認為卡特之所以能夠兩度擊敗甘迺迪，主要是由於他善於打擊競爭者的弱點，尤其是善用情勢民氣，遙指問題的核心。不過，一九八〇年，因為他太過重視打擊同黨的甘迺迪，心力交瘁之餘，反倒對真正的對手、共和黨的雷根未加防範，以致敗陣下來，回喬治亞種花生去了。

競爭者的弱點有時是眾所周知的，有時是隱而不顯的。眾所周知的弱點在運用上所收到的效果，當然比不上一些隱情或緋聞。但是，隱情或緋聞的資料及證據不容易掌握，搞不好還會吃上官司。所以，智者或強者多半強調面對面的競爭，而不是造謠言或放冷箭，亦不無道理。

揪人隱私有一個重要的技巧：為對手的弱點保好密，便可以多次利用同一個把柄抑制對手。一旦你掌握的秘密被公開以後，他反而毫無顧忌地對你報復。

總之，要活用對方的弱點的時候，千萬不能在眾人面前公開那個弱點。你只能以能夠使他明白的方式閃爍其詞，把他掌握得死死的。在這種情況下，每次吵架，他當然會被逼得豎白旗。

虛張聲勢巧妙借力

我們都有過虛張聲勢的行為，這在所有的應酬中也是慣用的伎倆。與其他應對他人的方法一樣，也很有效。它的目的是駕馭他人，只需稍微顯露一下自己的實力，就能得到眾人的敬仰或畏懼。洛克菲勒是運用這種藝術的大師。

在他早年做產品銷售商時，就向一位富人借過五千元以保證自己日常的開支。他先向這位商人表示：日後他願意在這位商人的事業上投下兩倍的資本。結果，這位商人當真借了他五千元錢。最後，他也真的成功了。

胡佛在初出校門，未曾步入社會時，也採用了同樣的策略。

當他向三藩市著名的工程師嘉寧求職時，嘉寧說他不需要助理，而且已經有許多候選人了。但是，他說他需要一名打字員。沒等他說完，胡佛便說他可以打字。

不過，他事先說，他得在四天之後才能正式上班。因為胡佛不知道如何去用打字機，他能求職成功多半是因為他的自信與大膽，他想在四天內學會打字——結果，他勝利了。

克萊斯勒在做鹽湖鐵路工廠的小工時，也有過同樣的經驗。

一天早晨，鐵路工人幾乎都下班了，鐵路局卻想在此時裝妥一輛機車，在下午三點左右開出去，克萊斯勒恰好在旁邊，他們便問他能不能做這件事。雖然他知道自己沒什麼經驗，可他卻沒表示出驚訝的神色。

像胡佛一樣，他掩飾了自己的疑慮，裝成很膽大的樣子。他請教了一些有經驗的人，然後便開始工作。結果，六點左右，那輛機車就準時裝妥了。這件事，成了他一生事業的轉捩點。

三個月後，他在另一條鐵路線上當工廠總頭目。三十三歲時，他成為芝加哥大西鐵路成立以來最年輕的工程監理。從此，他一步一步向美國最著名的工業領袖之一的最終目標邁進。

當然不只是洛克菲勒和胡佛等人，還有很多應用這種策略成功的例子。

普勒斯頓是田納西州著名的銀行家。廿五歲時，他從查塔努加一家小銀行的打雜工升到了經理。他也運用這種方法挽救了即將破產的銀行。

一九九三年，查塔努加的十七家銀行倒閉了十家。很快，各家銀行都爆發了擠兌風潮。焦急的存款人都擠在普勒斯頓的銀行門口，他沒有懇求，也沒有申辯！他明白，只要他能平息這一事件，就能挽救銀行。

於是，他宣布，無論要求兌現的人要兌多少錢，一律給予兌換。他又宣稱，只要不信任銀行的存戶一概接受兌換。

一位客戶想試探一下他是不是在說謊。於是，普勒斯頓就親自領他到庫房點了一萬六千元，請他帶回去。相持了很長時間後，那位客戶請求銀行繼續代他保管，然後便出去告訴所有人，說他們和傻子沒什麼區別。

著名拍賣商李珀特曾告訴別人，他每次與客戶見面時，無論自己身體怎麼樣，他都說自己健康得很。同時，和他人熱情地握手，微笑。李珀特說：「就算我身體欠佳，我也不會讓別人知道。」

成功的律師，在法官面前總能在不知不覺中推翻那些對自己不利的證據。杜諾凡說：「有一次，喬特律師出庭時，有一名證人提出了對他辦的案件極其不利的證據，他要求證人慢慢地重述一遍，他則小心翼翼地記錄那些話。喬特的虛張聲勢讓法官覺得他發現了與他代表的一方有重大關係的一點。」

能幹的人會在適當的時機運用這種策略，而且將之作為預定計劃的一部分。只有弱者才會為了誇耀自己而盲目地做事。自負的人總是吹噓他知道的事情，認為這樣做很有意思。其實，這是再愚蠢不過的舉動。

學會用沉默制服他人

通常情況下，我們認為應該把事情講出來，告訴別人，但人們逐漸發現在與別人交往的過程中，有時更需要忍耐和沉默。

正如《談話的藝術》的作者、心理學家、教授格瑞德·古德曼解釋說：「沉默可以調節說話和聽講的節奏，沉默在談話中的作用就相當於零在數學中的作用，儘管是『零』，卻非常關鍵。沒有沉默，一切交流都無法進行。」這就是著名的沉默定律。

1. 威望因寡言而得到提升

在法國國王路易十四的宮廷裏，貴族和大臣為了國事爭論不休，他們各抒己見，誰也說服不了誰。而路易十四只是靜靜地在一旁聆聽，臉上沒有任何表情。

待貴族和大臣們安靜下來後，路易十四冷峻的眼神緩緩地從他們臉上一一掃過，然後不動聲色地說：「我會考慮的。」然後就起身回到內宮。

就這樣，路易十四常以他的沉默寡言征服臣子們。他最著名的一句話就是「朕即國王」，簡潔明瞭而又氣勢磅礡。「我會考慮的」，是他對大臣們請求或陳述一件事的簡短而有力的答覆之一。

其實，路易十四年輕時曾經以高談闊論和喋喋不休而聞名，沉默寡言是他後來自我克制和修養的結果。在公開場合，別人會因為他的沉默而惶恐不安。

「說得越多，自己的秘密和真實想法暴露得也就越多。」路易十四深諳此道，他從對方喋喋不休的話語中，抓住破綻或把柄，在需要的時候，就以此來制服他們。

路易十四的沉默使周圍的人惶恐不安，他也以此牢牢地控制了他們，這正是他權力的基礎。

聖西蒙在描述路易十四時說：「沒有人像他一樣，懂得如何去用各種技巧抬高自己的言辭、自己的一抹微笑甚至是一抹眼神。他創造了差異，威望也因寡言而得到了提升。」少說多聽常點頭是所有人應該遵循的社交原則，因為言多必失。

遵循這一社交原則會讓人受益無窮，因為個人的威望會因為沉默而得到提升，特別是在一些特定場合的環境中，你完全可以不必說那麼多的話，而是以沉默來代表你的所思所想，這樣既能使別人無法洞察你的真實意圖，而且還會讓你顯得更具權威，更加高深莫測。

首先是少說。少說不但可以給對方多說的機會，還可以避免暴露自己的內心秘密，更可以避免說錯話，得罪他人。

其次是多聽。曾有哲人說：「寧可把嘴巴閉起來使人懷疑你的淺薄，也勝於一開口就證實你的淺薄。」另外，多聽就不會聽漏別人的話，聽錯別人的意思，這樣，自己對對方的認識就不會是片面的、錯誤的，並且對方說得越多，你就知道得越多。

最後是常點頭。常點頭不是讓你隨聲附和，做個沒主見、沒個性的應聲蟲，而是避免成為別人眼中的「刺頭」。多點頭能表示你的關注和對對方觀點的贊同，即使有意見，也要先聽完對方的話後再提出，切忌中途打斷別人的談話。

2.百分之五十五的資訊都是通過身體語言來傳達的

日本海軍偷襲珍珠港後，儘管美軍損失慘重，太平洋艦隊幾乎全軍覆滅，但是在國會議員中，還有為數不少的議員反對美國向日本宣戰。

在一次會議上，當大家為戰還是不戰而爭論不休時，羅斯福突然要站起來，因為他雙腿殘疾，所以平常總以車代步。

當他掙扎著要從椅子上站起來時，兩名白宮的侍從慌忙上前想幫他一把，但讓人意想不到的是，羅斯福憤怒地將他們推開。於是，在眾人驚訝的目光中，羅斯福搖搖晃晃地掙扎著，從椅子上緩緩地站了起來。然後他滿臉痛苦卻倔強地堅持站著，默默地看著周圍的人，一言不發。最後，國會做出決議：對日宣戰！

在與人交流的過程中，有時並不是話說得越多越好，因為更多的資訊是通過身體來傳達的。

科學研究表明，在所有的交流過程中，百分之五十五的資訊都是通過行為舉止來傳達的。不管你談話時抱著什麼樣的心理，你的身體都會把這些資訊透露出來。同樣的道理，其他人的身體也會把這些資訊傳遞給你。

如果意識到這一點，你就能夠更加準確地從對方的身體「讀」懂他人，從而把握社交的主動權。

運用身體語言並不是一件困難的事情，如在傾聽對方講話的過程中，為了表示你沒「走神」在認真傾聽，眼睛應看著對方，並不時地以輕微的點頭或搖頭來表達你的觀點。身體可略微向前傾，切忌把整個身子靠在沙發上朝後仰；也不要東張西望；或不停地用手摳鼻子、撓頭髮；也不要蹺起「二郎腿」，不停地搖晃；也不要沙發上不停地扭動身子。這些都是不禮貌的行為。

第八章

談判「度心術」——生意談判中要突破對方的心理防線

商場如戰場，有謀者勝。
做生意時最艱難、最基本、最重要的較量就是談判。
曾有人說過這樣一句話:「生意談判其實就是心理較量。」
事實上就是如此，如果在談判中能夠良好地把握
顧客的心理，就一定能在生意場上取得一帆風順的發展。

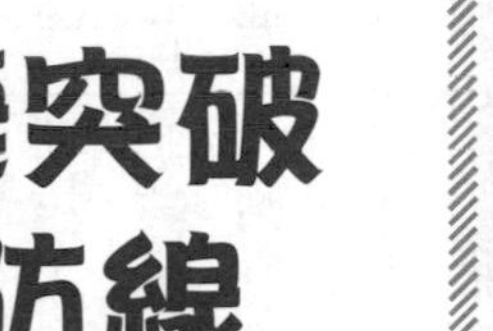

像朋友一樣談生意

建立關係，實際上就是使你與客戶之間的關係由陌生變得熟悉，由熟悉變為朋友，最終達到最高的境界——不是親人勝似親人。

1. 從陌生到熟悉

實際上，讓你和客戶從陌生到熟悉這種變化源自客戶對你的信任。

當客戶對你的信任度非常低時，他是不可能告訴你他的需求的，也不會去購買你的產品。所以，從陌生到熟悉是與客戶建立聯繫時要完成的第一個步驟。

和很多銷售員一樣，第一次進入一個新公司後會有很多陌生的同事，但時間長了以後，大家自然而然地便熟悉了。熟悉客戶的方法其實也是這樣的，就是多和自己的客戶打交道，拜訪客戶的次數多了，自然也就與他們熟悉了，相互間的信任也會增加。

2.從熟悉到朋友

與客戶從熟悉到朋友是一個巨大的飛躍，也是客戶對你信任度的進一步提升。一般而言，有共同興趣和愛好的人最容易成為朋友。所以要和客戶成為朋友，就要找出你和客戶共同的興趣和愛好，從中培養你與客戶之間的友誼，增加雙方的信任。

很多銷售團隊都希望招聘興趣廣泛、各種活動都能參與的業務員，這樣有助於同各種各樣的客戶成為朋友。這也是所有生意人追求的目標。

目前，大多數生意人和客戶只停留在熟悉的層次上，例如一起參加一些活動，如吃飯、看電影等。吃一兩次飯，你和客戶之間的熟悉程度可能會有所加深，但是要從熟悉變成朋友，達到質的飛躍，就必須開發出你和客戶之間的共同興趣。所以你一定要注意抓住客戶的興趣，多做客戶感興趣的事情。

3.不是親人勝似親人

發展與客戶的關係，其最高境界就是與客戶達到一種類似親人的關係，就是同舟共濟、患難與共，時時處處站在對方的角度考慮問題。如果你像對待親人一樣對待你的客戶，那麼你與客戶的關係肯定會進一步昇華，客戶對你的信任也一定會日益增長。當客戶把你當作親人一樣看待時，你做起生意來就變得非常簡單了。

所以說，建立聯繫的目的就是不斷加深銷售員和客戶間的信任程度，從而使關係不斷提升，由陌生到熟悉、到朋友、最後到勝似親人。

生活中處處有談判

無論是生活還是工作，總有談判的存在，談判所代表的是一種能力，一種控制生活成本、積累財富的能力。其中控制生活成本是生意走向成功的第一步，如果連自己的生活成本都不能控制，那麼就不用談生意成功了。無論是消費者，還是生意人，都應該看到談判無處不在。從某種意義上說，我們的人生如同生意一樣，需要經營，需要談判。

雖然說生活中處處有談判，但並不是說隨隨便便就可以談判，談判應該掌握方法。

如果是不善於談判者，就算說上一大堆話，也不能夠促成目的的達成。談判不僅要正確地表達自己，還要瞭解對手，特別是對手的需求、喜好、性格等等，所以不能隨便談，要根據談判對手的情況，靈活地談判。

在生意談判中，人們往往過於關注談判的條件，比如價格、利潤等，而忽視了對方的心理感受。事實上，生意談判主要是一場心理戰，談判的成功不僅在於目標的達成，而且還在於要讓對方覺得自己做出了最划算的決定，要讓顧客認為所買的商品物有所值。如果顧客難以確認或者不相信商品物有所值，無論你有多高超的談判技巧，都不會贏得談判。

因此，在生意談判過程中，生意人應該拓寬自己的思路，既要把握好一定的尺度，又要熟練運用心理技巧，這樣，往往能夠收到良好的效果。在談判界中，流傳著「三杯酒」、「三盞茶」的談判技巧，可謂深通人心。「三杯酒」是指笑臉相迎、真誠讚美和點頭示意，這是談判過程中常見的三種技巧。

第一杯酒：笑臉相迎。

作為生意人，無論面對顧客還是生意夥伴，都應該以笑相迎，在生意談判中更應如此。不管你的談判對手高低貴賤，都應該時刻保持微笑，因為笑臉最為深入人心，能夠讓對手得到尊重感。

第二杯酒。

真誠讚美。讚美不是恭維，不是拍馬屁，而是一種由衷而讚的藝術。讚美要把握時機，「及時、簡潔、到位」是讚美的三原則，讚美不能過分，應該「見好就收」，以免引起別人的反感，造成不好的結果。

第三杯酒：點頭示意。

「點頭」不僅給人「肯定」的表示，同時也能讓對方感受到尊重。在談判過程中，時不時「點頭」示意，可以體現出自己的傾聽能力，表明了自己的專心程度，也是對對方的一種肯定。更為重要的是，點頭示意可以避免不必要的爭辯，從而為自己發表看法作好鋪墊。

除了「三杯酒」，談判的過程中還講究「三盞茶」。如果說「三杯酒」重在婉轉，意在迷惑對方，那麼「三盞茶」則是主動出擊，意在達成目標。「三盞茶」包括尋找共同點、激勵對方、給予幫助和啟示。

第一盞茶：尋找共同點。在談判的過程中，應該儘量多觀察對手的行為舉止、語言習慣，從中找到共同話題，作為談判的切入點，這樣不僅易被人接受，同時還能夠讓對方獲得一種歸屬感。

第二盞茶：激勵對方。每一個人的需求和個性都不一樣，因此在談判過程中要注意採取不同的方法。如果對方的性格中有獨斷的特點，不妨採取激將法，讓對方自動走入設好的「談判陷阱」；如果對方比較情緒化，則可以採用惻隱法，通過情感來打動對方；如果對方比較注重物質滿足，就可以採用附送贈品、優惠策略等進行刺激，投其所好，贏得談判的勝利。

第三盞茶：給予幫助和啟示。可以這麼說，每一個人都需要得到別人的幫助，因此，採用幫助的方法進行談判具有普遍意義。在談判過程中，抓住適當的時機對對方進行幫助，或者給對方一些有益的啟示與引導，不僅可以為談判贏得時間，還能夠讓談判獲得更自由的空間。對方還會因此進入感情化的狀態，有利於談判目標的達成。

總而言之，談判作為一場心理的較量，不僅需要鍛煉自身的心理素質，同時更要瞭解對方的心理，這樣才能找到對方的破綻進行心理擊破，贏得談判的勝利。當然，談判的心理戰並不是說為了談判而刻意地、違心地做一些事情，而是應該把握時機，適當地運用心理戰術。因此不能「為了談判而談判」，這樣的生意必定不長久。

談判時要給自己留餘地

生意人要善於給自己留下餘地，這樣做一方面可以減輕談判的負擔，使自己取得主動權，另一方面還可以給對手更大的談判空間。事實上，任何談判都必須有底線、有餘地，生意談判更應該如此。

任何談判都需要有討價還價的餘地，這樣談判才能進行下去，否則談判就失去了意義。生意談判中，留有餘地並不是為了利益最大化，而是為了損失最小化。通常情況下，留有餘地的方法就是設置談判的底線。當然，設置這個底線的目的就是為自身獲得更多的利益，並儘量將損失降到最低。

假如不能實現這個目的，那麼這樣的底線也就沒有實際意義。設置底線主要有兩個原則：

第一，底線要保證最起碼的獲利。

第二，底線應該有足夠的討價還價的空間。

作為一個生意人，討價還價的底線設置一定要在保證自身基本利益的前提下，盡力考慮到顧客的接受範圍，以滿足顧客的需求，這樣就可以獲得雙贏的局面。只有雙贏，才能更好地達成交易。

如果生意人只考慮自己的利益最大化，而絲毫不考慮顧客的要求，不給討價還價留有足夠的餘地，談判就會陷入僵局，最終無法達成交易。因此，生意人要考慮自身的基本利益，同時結合顧客的情況進行底線的設置。

另外，在談判的過程中，掌握談判的底線也是非常重要的。可以說，整個生意的談判過程基本上就是一個底線發現和底線影響的過程。在任何一項生意談判中，都需要把握住底線，不僅要捍衛自己的底線，同時還要敏銳地發現對方的底線。很多時候，看似底線的東西其實不是真正的底線，價格底線只是眾多底線中的一種而已，至於對方真正在意的是哪方面的底線，則需要生意人去刺探與分析了。

事實上，在談判之前，很多人都有明確的底線，卻沒有很好地利用底線來達成交易，實現利益。如果你將產品的底線價格定在了十美元，那麼你首次報價時，一定要超過這個底線的價格。

有的生意人不知道這個原則，很實在地把自己的底線價格報出來，結果自己的退路被封死了，沒有了迴旋的餘地，顧客也就沒有了討價還價的空間。

有些生意人則相反，只注重利益最大化，開始時漫天要價，結果超過了顧客的心理預期，把顧客嚇跑了。還有些更加誇張的做法，那就是漫天要價之後，迅速降價。雖然這種方法有時有效，但卻會使顧客產生懷疑：一是懷疑價格摻水太多，恐怕被「宰」；二是害怕產品品質不好從而被「蒙」。在這樣的心理氛圍之下，生意談判的成功率也會大大降低。

談判是動態的，底線也是，精明的生意人懂得原則要堅守，底線可變動。原先確定的某一個方面的底線，可能會由於另一個方面的利益而有所改變。

雖然從利益的角度看生意人永遠希望促成雙方的交易，但是在關鍵的時候一定要敢於從談判桌走開。「大不了我們不做了」，不僅是談判的底線，也是一種良好的談判心態，有了這樣的心態就不會再有負擔，而沒有負擔的談判往往是效率最高、結果最好的談判。

談判時要控制情緒

人生就是一場談判，而現實世界就是展開這場較量的談判桌。生活中的討價還價是談判，工作中的升職要求是談判，求職中商議薪水也是談判，就連和自己的伴侶吵架也離不開談判。當然，並不是每一種談判都能夠贏得成功。

真正成功的談判是一門藝術，其魅力不僅來自高超的語言技巧，還源於巧妙的心理技巧，積極的情感能幫你贏得想要的結果。同時，保持自己心情的舒暢，往往能使談判變得順利。

情緒因素對生意的不利影響是有目共睹的。如果你此時碰到了一個心情不好的顧客，他的情緒低落或者剛剛大發雷霆，那麼推銷的話語往往會令他的心情更加不好。

在商店中，常常會碰到有些顧客與售貨員爭執，也許售貨員覺得並不是自己的問題，儘管他們竭力向顧客解釋，但是顧客根本聽不進去，不僅要求退貨，還會大吵大鬧，發生口角。

無論是哪一方，不良情緒一旦爆發，就會嚴重影響談判的正常進行，如果處理不當，就很容易激化矛盾，使談判陷入艱難的境地。更加糟糕的是，面對由於感情因素引起的矛盾，雙方往往都顧及「臉面」的問題，以至於任何一方都很難作出讓步，最終導致合作關係的破裂，交易談判的失敗。

由此可見，把握感情的表露在談判進程中具有十分重要的意義。一般來說，談判者的情緒高低可以決定談判的氣氛。談判者對於情感問題的處理，往往對談判局勢有著舉足輕重的影響。真正高明的談判者不僅能夠處理好對方的低落情緒，還能夠抑制對方的憤怒。

面對談判中的情感衝突，不能採取面對面、硬碰硬的方法。硬碰硬往往會使情感衝突升級，反而不利於談判的繼續進行，更毋庸說談判成功了。

一般來說，對待過激的情緒，應該從以下三個方面進行引導與控制：

首先，**關注和瞭解談判中的情緒因素**。這個情緒因素不僅包括對方的情緒，還包括自己的情緒。在談判中，如果對方處於非常生氣的狀態，甚至大發雷霆，千萬不要受到對方情緒的感染，而應該密切注意對方的情緒變動，瞭解對方生氣的原因。

如果是談判情境的關係，就應該弄清楚對方是想通過發脾氣的手段取得你的讓步，還是僅僅是一種束手無策的情感宣洩。必須注意的是，不論何種原因導致情緒宣洩，都不適合給予明確答覆。在對方情緒不穩的情況下，不要去做解釋和澄清，以免落入對方所設的情感圈套中。同時，必須時刻注意自己的情緒，以免受到影響。

其次，**讓對方的情緒得到發洩**。對方還在發洩情緒時，並不是解決問題的最好時機，此時，最好的辦法就是靜靜地傾聽，可以引導對方將理由講清楚，儘量延長其講述理由的時間，讓對方把理由講詳細些，這是一種「開閘放水」的方法，可以讓對方的情緒慢慢穩定下來。千萬不要貪功冒進，更不要進行激烈的還擊，以免造成對方的情緒更加激動或者引起自己的情緒波動。

最後，**不要在談判中摻入情感、是非問題**。生意人應該知道，在生意場上，個人情感的輸贏沒有任何實質意義。因此，在談判過程中，千萬不要落入誰是誰非的問題糾葛中，尤其不要從情感上去判斷誰對誰錯，因為判斷是非對錯並不是生意談判的最終目的。所有的談判者都要記住，談判的目的是追求雙贏，達成交易。

當談判中遭遇了情感衝突時，可以利用一些象徵性的語言逆轉局面，比如與對方握手、贈送小禮物等。事實說明，用動作表示道歉的投資最少，而回報最高。

作為一個生意人，你必須時刻保持理智，絕對不要輕易捲入客戶的主觀情緒當中。

如何面對顧客的拒絕

對於生意人來說，成交的次數永遠低於談判的次數，也就是說，並不是每一單生意都能夠做成，很多時候生意人都會被顧客拒絕。顧客的拒絕有的是理智型的，有的則是情緒型的，但是無論是何種拒絕，其最終態度都將影響生意的結果。因此，對於顧客的拒絕應該正確對待。

遭遇拒絕時，不要被顧客的表面藉口所蒙蔽，而要用心智和真誠去說服他，用令人放鬆的微笑和值得信賴的證據來緩和緊張的氛圍。

很顯然，不同的顧客面對不同的產品自然也有不同的拒絕原因，但無論顧客採取何種理由進行拒絕，都有其疑慮心理的存在。對於這一點，生意人應該時刻謹記。消除顧客的疑慮心理則需要談判者掌握靈活的方法以及必要的原則：

(1)「我們沒有這方面的需求」，顧客的這種拒詞最為常見，而且也是最為有力的擋箭牌，很多人往往就被這個擋箭牌緊緊地擋在了門外，放棄了與顧客的談判。聰明的生意人則會採取引導的方式，變顧客的「無需求」為「有需求」。

這時，如果你告訴顧客：「很多客戶在購買之前，都和您一樣，都認為自己不需要，不過等他們使用過產品之後，就瞭解了這款產品的好處。您看，這種產品……」顧客往往會生出想嘗試的心理。

當然，也有顧客會說他們剛剛購買過這類產品，所以目前沒有這方面的需求。這時你不必懷有遺憾，而應該慶幸顧客有這方面的需求，這時你所要做的只是讓客戶考慮你的產品。此時，你可以告訴顧客，你的產品有更多優惠，可以讓顧客體會到高性價比的快樂。

(2)**當顧客拖延的時候**。有很多生意談判者都會遭遇到這樣的理由：「我現在沒有時間……」、「這一季的採購已經結束，等下一季我們會考慮的」、「你先把資料放在這裏，等我看完後給你答覆」……面對這樣的反應，有些生意人會無可奈何地離開，有的則心存僥倖地等待對方的回音，而更多的生意人會選擇就此放棄，因為他們覺得顧客明顯對自己的產品沒有任何興趣。其實，這就是顧客在使用拖延策略的技巧。

當顧客採取拖延時間的方式表示拒絕時，精明的生意談判者一般會採取限定時間、直接進入重點和提出最後期限的方式進行談判。

限定時間：這種方式很簡單，你只需要告訴對方你所需要的時間，時間不應讓對方感到太長。限定時間後，告訴對方如果超出這個時間，你會自動離開。然後進入精彩的介紹，儘量吸引顧客。

直接進入重點：如果對方明確表示自己的時間不夠充裕，談判者不應以繁冗的客套話來增加對方的反感，而應直接進入談話的重點，迅速吸引對方注意。

提出最後期限：有些顧客採取拖延策略是為了得到更多的好處，生意談判者不妨抓住對方的心理，投其所好地介紹購買產品帶來的最大好處，最為重要的是，應該明確告訴對方如果超過了優惠期限，最大好處就會失去。比如「如果在優惠期限內購買，不僅能夠打折，還可以得到豐厚而精美的禮品，我們的優惠活動只進行一周。」這種方法會讓顧客產生「機不可失，失不再來」的感受，可使生意快速地做成。

(3)當顧客有先入為主的成見時。在生意談判中，有些顧客的拒絕往往是由先入為主的成見引起的。通常來說，這類顧客更多的是所謂的行家，他們對於某產品的成見，也許是由於他們曾經有過不愉快的經歷，也有可能是道聽塗說的小道消息，無論是何種原因造成的，顧客內心的成見已經成為客觀的事實，此時唯有採用對比或事實驗證來解除對方的偏見。當然，如果可以的話，也可以直接讓顧客體驗，以消除顧客的疑慮心理。

總之，遭遇顧客的拒絕時，不必垂頭喪氣，也不要輕易放棄，而應該尋找造成顧客拒絕的真正原因，採取適當的方法消除其內心的疑慮，以促成生意。

沉默改變談判的情勢

在人們的印象中，生意談判就是唇槍舌劍；甚至有人認為，在談判中說得好、說得多才是王者。其實不然，有些談判者口若懸河、妙語連珠，總能在談判的過程中以絕對優勢壓倒對方，但談判結束後卻發現交易結果令人失望，與談判中氣勢如虹的表現不相匹配；而說話最少的一方反而取得了更多的收益。

可見，在談判中，多說話有時反而無益，即談判有時也需要保持沉默。

談判如果最終沒有達成協議，就必然有一方會成為失敗者，因為總有一方對談判抱有更高的期望。而對於生意人而言，生意談判失敗，就意味著失去一個機會。因此，千萬不要隨便放棄機會。

在談判過程中，每一次開出條件後，就應該耐心地等待對方對此條件做出的反應。要知道，耐心和沉默是最好的談判武器，千萬不要把對方的沉默不語當成是對你的拒絕。如果這時你沉不住氣，先作出讓步，那就太不明智了。

精明的生意人應該明白，任何一個買家都不會輕易地丟掉一筆好交易。如果買家採取沉默的態度，往往是想刺探你的底牌。因此，無論如何都應該再堅持一下。

一般來說，當你表現出不耐煩並且準備放棄這筆生意的時候，他們的問題就會出現了：「你的最低價格是多少？」

這時，你應該明白，前面的沉默只不過是複雜的鋪墊而已。

顯然，精明的生意人是不會把最低報價交出去的。

但是，對於大多數不諳沉默之術的人來說，很容易作出重大的讓步，告知自己的底線。這樣的話，談判的主動權就會喪失，原有的優勢也將不復存在。

這個時候，精明的談判高手就會表示：「你們給一個合適的價格吧。」較量就開始了：「還是你們出個更合適的價吧。」雙方僵住了，然後沉默，一個字也不說。在沉默情況下，一般先開口的就是讓步方：「好吧，我再讓步百分之五，如果不同意，那就終止談判吧！」

沉默就是迫使對方讓步，同時掩飾自己底牌的談判策略。如果你沒弄清對方的意圖，就不適合進行表態。

事實上，談判就如同偵探推理的過程，而沉默則是理清頭腦、贏得優勢的策略。

學會在談判時說「不」

儘管生意談判的目的是把生意做成，甚至不惜採取讓步策略，但是不能無原則地一讓再讓，有時應該對對方說「不」。假如對方詢問你的價格底線時，你顯然不可能告訴他，你可以很爽快地拒絕回答這個問題或者採取掩飾的方法。然而，有的時候對方會提出一些合理要求，比如讓你展示一些公司內部的資料。

這種合理的要求一般都不好意思拒絕，可是如果真的把相關資料呈現給對方，就可能對你的談判結果造成不利的影響。這時候，你也需要採取巧妙機智的方法拒絕對方的合理要求。

一般來說，在生意談判中巧妙拒絕對方的方法主要有以下幾種：

(1)相關的具體資料無法查及。

直接告知對方，己方無法獲得對方索要的資料，也可委婉地告知對方，這些資料正在搜集整理中，暫時無法提供。這樣，對方也就沒有再堅持下去的必要了。

(2)提供一些對談判沒有太大影響的資料。

當對方索要相關資料的時候，精明的談判者一般不會採取直接拒絕的方式，而會採取間接拒絕的方式，最常見的就是給對方提供一些籠統、表面的東西。一般來說，即使對方明知道自己得到的只是沒有實際用處的東西，但是由於要求被滿足，也只能接受。這樣，既滿足了對方的相關要求，又不會使己方的具體資料外洩。

(3)採用某些藉口拖延時間。

對於大多數生意人來說，尋找理由應該不是一件難事，而且尋找理由的方向也有很多，但是要合理拒絕對方的要求，就應該找到合理且適合的藉口，更應該把握正確的方向。一般來說，在生意談判中，尋找藉口的目的主要用於拖延時間。通過拖延時間來拒絕對方提出索取資料的要求一般都非常有成效。比如資料過於繁瑣，正在整理之中；掌管資料的人我們暫時無法聯繫等，都是非常好的拒絕言辭。

(4)耐心地向對方解釋無法提供資料的原因。

在生意談判中，雙方都有要嚴守的秘密，因此，遇到對方索要相關資料時可以直接告訴對方，這些資料涉及生意上的機密，不能隨意外泄給他人。對於這樣的回答，對方一般都能理解，因為他們同樣存在著自己的商業秘密。

另外，還可以就提供資料的高昂費用進行解釋。談判中，我們完全可以告訴對方，要整理並且提供專門資料將使生意成本提高，我們不願意這樣做。這樣的解釋也是合理的，畢竟生意就是追求利潤最大化，而降低成本就是其中重要的方式之一。

(5)指明事實，證明自己所報價格很公道，消除對方疑慮。

談判中，對方提出索要資料的要求不光是為了刺探你的談判秘密，也有些是因為對價格等條件存在疑慮，才想要看具體的資料。但是雙方處於談判的立場時，並不適合提供資料，這時可以通過其他的方法，比如請相關的見證人證明價格、用一些產品實際展示效果說明價格的公道等，證明己方的實力，從而打消對方的疑慮。這是一種間接拒絕相關要求的方法，效果比較好。

在談判中，有時候應該勇敢地說「不」，但是說「不」也要運用巧妙的方法，不能夠隨便拒絕。

巧妙拒絕有利於保護己方的利益，同時也能夠讓談判更順暢地進行下去，因此，拒絕在生意談判中是重要的，也是必要的。

談判中的開放式提問

在生意交流中，必定會存在一些疑問，而如何把疑問巧妙地說出來對於談判非常重要。高明的生意談判者不僅能夠通過巧妙的方法把疑問提出來，還能夠通過巧妙的提問贏得談判的勝利。因此，巧妙的提問就是一種談判技巧。

如果問題問得巧妙，有時比長篇大論的推薦效果都好。

一般來說，在談判過程中，很多生意人都主張採取封閉性提問的方法，限定顧客的答案，讓顧客走入自己所設的語言埋伏之中，最終得到自己想要的答案。

比如，當顧客說「我改天再來看看」時，封閉式提問的策略就以類似「你明天來，還是後天來？」的問句讓顧客進行有限的選擇。這種方法是運用人們的慣性思維方式來尋找突破口。一般來說，這種提問技巧的效果是不錯的。

開放性問題是相對於封閉式問題而言的，就是不限制顧客回答問題的答案，而完全讓顧客根據自己的喜好，圍繞談話主題自由發揮。

運用開放性提問的方法對顧客進行提問，能使顧客的內心感到自然，因而能夠暢所欲言，利於雙方的溝通，也利於獲取更多的資訊。更為重要的是，由於顧客沒有約束感，內心通常會感到放鬆和愉快，這顯然有助於生意的達成。

由此可見，相對於封閉式問題來說，開放性問題的好處就是更得消費者之心。其實，在現代這個商業社會，語言技巧五花八門，其中不乏招搖撞騙之語，不少消費者對於生意人的巧舌如簧或多或少都有畏懼感，因此，在生意交談之時，常有推拒的現象出現。而封閉式提問的「審判感」往往會讓顧客的推拒心理加重。如果能夠改用開放式提問，不僅能夠讓談判更順暢，還能夠俘獲顧客的心。

開放式提問的方式主要有以下幾種：

(1)「……怎麼樣」或者「如何……」這類問法採用商量的口氣，帶有委婉的味道，讓人不忍拒絕。比如「我們怎樣做，才能滿足您的要求？」「您認為這件事最終怎樣解決才算合理？」「您覺得形勢會朝著怎樣的趨勢發展下去？」一般來說，這類提問都能夠得到比較好的回應。

(2)「為什麼……」這些問法則是以探詢的口氣發問，也是非常委婉的，同時意思表達也比較明確。比如「為什麼您會選擇這款產品呢？」「能告訴我為什麼您不考慮這款產品嗎？」採取這類問句應該語氣儘量委婉，以免讓對方感到有刺探消息的意味。

(3)「什麼……」和「哪些……」比如「您對我們有什麼建議？」「您對這種產品有哪些看法？」「這款產品的哪些優勢最吸引您？」等，這些問題所問內容一般能深入消費者的內心，可以讓消費者儘量傾吐內心的想法，還可以讓生意人充分瞭解顧客的真正需要，從而抓住生意成交的脈門。

很顯然，任何提問方法都有其積極效果，要讓談判取得好效果，不僅要巧妙地提問，還應該在不同的情況下採取恰當的提問方法。

有時應該採用開放式的提問，有時則應該採用封閉式提問。但是，無論採用哪種提問方法，如果無休無止地進行，就都達不到好的效果，而應該在提問的過程中適時地變換方法。該提問的時候提問，該介紹的時候介紹，該勸說的時候則勸說。

一般來講，連續提問三次，顧客就會有厭煩與不快之感，尤其是封閉式的提問。開放式提問由於能夠讓顧客多說上幾句，顧客反而會輕鬆一些。由此可見，在談判過程中，一定要注意提問的節奏。

在談判過程中，除了以上一些需要注意的方面之外，談判專家還提出以下一些忠告：

(1)提問時要儘量站在顧客的立場上，特別要注意的是，千萬不要總是圍繞著自己的銷售目的展開，這樣只會強化你在顧客眼中商人的形象，使溝通障礙加重。

(2)對敏感性問題應該盡力避免，如果這些問題的答案確實對你很重要，那麼最好先進行試探，如果顧客不反感，再進一步詢問。

(3)與顧客第一次接觸時，最好先從顧客感興趣的話題開始提問，而不要直接詢問對方是否願意購買，以免讓顧客產生較重的排斥心理。

(4)在提問的時候，一定要給對方留下足夠的回答空間。通常在開始提問時，最好採取開放式提問，讓顧客放鬆警惕，後面可以適時地進行封閉式提問。注意，在顧客回答問題的時候，儘量不要中途打斷。

總而言之，在生意的交流與溝通中，對顧客提問就應該把握他的需求，瞭解他的喜好，讓顧客的心理得到滿足，尤其不能讓他對你的問題感到厭倦。

作為一個生意人，應該知道沒有人喜歡被別人咄咄逼人地審問。

因此，一定要注意提問的技巧和節奏，也許提問只是生意談判中的一個細節，但是這個細節往往會決定整個生意的成敗。

巧妙探測對方的底細

在談判中，關於對方的底價、簽合同的時限、談判人員的許可權及最基本的交易條件等內容，均屬機密。誰掌握了對方的這些機密，誰就會贏得談判的主動權。因此，在談判初期，雙方都會圍繞這些內容施展各自的本領進行探測。下面介紹一些有關談判的探測技巧：

(1)火力偵察法

所謂火力偵察法就是先主動拋出一些帶有挑釁性的話題去刺激對方，然後再根據對方的反應，判斷其虛實的探測方法。比如，甲買乙賣，甲向乙提出了幾種不同的交易品種，並詢問這些品種各自的價格。乙一時搞不清楚對方的真實意圖，甲這樣問，既像是打聽行情，又像是在談交易條件；既像是個大買主，又不敢肯定。面對甲的詢問，乙心裏很矛盾，如果據實回答，萬一對方果真是來摸自己底的，那自己豈不被動？但是如果敷衍應付，有可能會錯過一筆好的買賣，說不定對方還可能是位可以長期合作的夥伴呢。在情急之中，乙想：我何不也探探對方的虛實呢？於是，他急中生智地說：「我是貨真價實，就怕你一味貪圖便宜。」我們知道，商界中奉行著這樣的準則：「一分價錢一分貨」、「便宜無好貨」。乙的回答，暗含著對甲的挑釁意味。

除此而外，這個回答的妙處還在於，只要甲一接話，乙就會很容易地把握甲的實力情況。如果甲在乎貨的品質，就不怕出高價，回答時的口氣也就大；如果甲在乎貨源的緊俏，就急於成交，口氣也就顯得較為迫切。在此基礎上，乙就很容易確定出自己的方案和策略了。因此，火力偵察就是拋出「炮彈」，對準「敵人」，先把炮彈打過去，敵人跑出來了，就知道敵人在什麼地方了。

(2)迂迴詢問法

迂迴詢問法就是通過迂迴詢問使對方鬆懈，然後乘其不備，巧妙探得對方的底牌的探測方法。在主客場談判中，東道主往往利用自己在主場的優勢實施這種技巧。客戶來了，東道主為了探得對方的簽約的時限，就極力表現出自己的熱情好客，除了將對方的生活作周到的安排外，還盛情地邀請客人參觀本地的山水風光，領略風土人情、民俗文化，往往在客人感到十分愜意之時，就會有人提出幫你訂購返程機票或車船票。這時客方往往會隨口就將自己的返程日期告訴對方，在不知不覺中落入了對方的圈套裏。至於對方的時限，他卻一無所知，這樣，在正式的談判中，自己受制於他人也就不足為怪了。

⑶聚焦深入法

聚集深入法就是先就某方面的問題作掃描式的提問，在探知對方的隱情所在之後，然後再進行深入，從而把握問題癥結所在的一種探測方法。例如，一筆甲賣乙買的交易，雙方談得都很滿意，但乙還是遲遲不肯簽約，甲納悶了，於是他就採用這種方法達到了目的。首先，甲證實了乙的購買意圖。在此基礎上，甲分別就對方對自己的信譽、產品品質、包裝裝潢、交貨期、適銷期等逐項進行探問。乙的回答表明，上述方面都不存在問題。最後，甲又問到貨款的支付方面，乙表示目前的貸款利率較高。甲得知對方這一癥結所在之後，隨即又進行深入，他從當前市場的銷勢分析，指出乙照目前的進價成本，在市場上銷售，即使扣除貸款利率，也還有較大的利潤。這一分析得到了乙的肯定，但是乙又擔心，銷售期太長，利息負擔可能過重，這將會影響最終的利潤。針對乙的這點隱憂，甲又從風險的大小方面進行分析，指出即使那樣，風險依然很小，打消了對方的顧慮，最終促成了簽約。

(4)示錯印證法

示錯印證法就是探測方有意通過犯一些錯誤，比如念錯字、用錯詞語，或把價格報錯等種種示錯的方法，誘導對方表態，然後探測方再借題發揮，最後達到目的的一種探測方法。

例如：在某時裝區，當某一位顧客在攤前駐足，並對某件商品多看上幾眼時，早已將這一切看在眼裏的攤主就會前來搭話說：「看得出你是誠心來買的，這件衣服很合你的意，是不是？」察覺到顧客無任何反對意見時，他又會繼續說，「這衣服標價一千五百元，對你優惠，一千二百元，要不要？」

如果對方沒有表態，他可能又說：「你今天身上帶的錢可能不多，我也想開個張，照本賣給你，一千元，怎麼樣？」顧客此時會有些猶豫，攤主又會接著說，「好啦，你不要對別人說，我就以一千二百元賣給你。」早已留心的顧客往往會迫不及待地說：「你剛才不是說賣一千元嗎？怎麼又漲了？」

此時，攤主通常會煞有介事地說：「是嗎？我剛才說了這個價嗎？啊，這個價我可沒什麼賺啦。」稍作停頓，又說，「好吧，就算是我錯了，那我也講個信用，除了你以外，不會再有這個價了，你也不要告訴別人，一千元，你拿去好了！」

話說到此，絕大多數顧客都會成交。這裏，攤主假裝口誤將價漲了上去，誘使顧客做出反應，巧妙地探測並驗證了顧客的購買需求，收到引蛇出洞的效果。在此之後，攤主再將漲上來的價讓出去，就會很容易地促成交易。

在探測對方底牌的過程中，語言要有針對性。我們的目的是要雙贏，是要建立我們的優勢，是要控制整個全局，所以要有很強的針對性。在表達的時候，要用婉轉的方式，特別是在拒絕對方的時候，一定要表達得很婉轉。

在談話的過程中要靈活應變，其中也包括無聲的語言。無聲的語言往往會在談判的關鍵時刻，起到出人意料的效果，所以我們要學會停下來，用無聲、沉默的方法來面對我們的談判對手。

對談判對手以誠相待不是說出來的，而是做出來的，是通過你的做法讓對方去感覺。做出來別人就能感覺到，如果做不出來，說得再多也沒用；在談判中要達到雙贏，一定要有一個積極的、愉快的氛圍，這樣，雙方才願意把自己的東西拿出來與對方交換。

談判是雙方智慧的較量，一定要抓住對方的弱點，最大限度地發揮自己的優勢，讓對手心悅誠服。掌握探測的技巧，你將在談判中揮灑自如，走向成功，在談判中獲得雙贏，達成雙方最理想的結果。

談判中的讓步原則

在商業談判的過程中，如果雙方在準確理解對方利益的前提下，努力尋求各種雙方互利的解決方案，達到雙贏的目的的確是皆大歡喜。

這算得上是一種正常管道達成協定的方式。但在解決一些棘手的利益衝突問題時，雙方有可能會就某一個利益問題爭執不下，這時，讓步策略就是非常有效的工具。

我們先來看一下商業談判中，雙方為了利益所進行的三種對話溝通的形式：

(1)談判雙方目標利益完全一致，通過談判來協調雙方的計畫和行為方式，以期形成合力及相互的配合。

(2)談判雙方的目標利益不同，想通過雙方的談判協調，在不同程度上滿足雙方的需要，形成利益互補。

(3)談判雙方目標利益相對，通過談判緩和相互間的對抗，尋找各自的目標利益。

這三種利益協調、互換的形式都是建立在雙方存在互相聯繫、擁有共同利益的基礎上的。它們都要求談判雙方尊重對方的目標利益，從雙方共同的利益出發，做出不同程度的讓步。相反，若談判雙方都一味地堅持自己的立場觀點、利益目標和行為方式，彼此都毫不退讓，那麼談判中的分歧就無法彌合，對抗就無法緩和。

即使雙方目標利益一致，也會發生或主或次、或大或小的矛盾，造成對談判雙方都不利的局面。因此，談判的目標利益決定了談判中讓步的必要性。

成功讓步的策略和技巧表現在談判的各個階段。要準確、有價值的運用好讓步策略，總體來講必須服從以下原則：

1.價值目標最優原則

在商業談判中，很多情況下的價值目標並非是單一的，往往是多重的。這些多重目標不可避免的存在著衝突。談判的過程，事實上就是尋求雙方價值目標最大化的過程。

處理這類矛盾時，就需要在目標之間依照重要性和緊迫性建立先後順序，優先解決重要及緊迫目標，在條件允許的前提下適當爭取其他目標，其中的讓步策略首要目的就是保護重要價值目標的最大化，如價格、付款方式等。

成功的商業談判者在解決這類矛盾時所採取的思維順序通常是：

首先，**評估價值目標衝突的重要性，分析自己所處的環境和位置，判斷在不犧牲任何目標的前提下衝突是否可以解決。**

其次，**如果必須選擇衝突的話要區分目標的主次，以保證整體利益最大化。**

第三，**應注意價值目標不要太多，以免顧此失彼，甚至自相矛盾，從而留給談判對手以可乘之機。**

2.有效適度讓步原則

在談判中，談判雙方在尋求自己價值目標最優化的同時，也對自己最大的讓步價值有所準備，就是說談判中可以使用的讓步資源是有限的，所以，讓步策略的使用是具有剛性的，其運用的力度只能是先小後大，一旦讓步力度下降或減小，則以往的讓步價值也失去意義。

在有效適度讓步原則中必須注意到以下幾點：

- 談判對手的需求是有一定限度的，讓步策略的運用也必須是有限的、有層次區別的。

●讓步策略的效果是有限的，每一次的讓步只能在談判的一定時期內起作用，是針對特定階段、特定人物、特定事件起作用的，所以不要期望滿足對手的所有意願，對重要問題的讓步必須嚴格控制。

●時時對讓步資源的投入與所期望效果的產出進行對比分析，必須要做到讓步價值的投入小於所產生的積極效益。並不是投入越多回報越多，而是尋求一個二者之間的最佳組合。

3. 最佳時機讓步原則

所謂最佳時機讓步策略，就是在適當的時機和場合做出適當、適時的讓步，使談判讓步的作用發揮到最大、所起到的作用最佳。在談判的實際過程中，時機是非常難把握的，常常存在以下種種問題。

●**最佳時機難以判定**。例如難以判定最佳時機是談判的對方提出要求時，還是對方已經有所讓步時。

●**讓步的隨意性導致時機把握不準確**。在商業談判中，如果談判者僅僅根據自己的喜好、興趣、成見、性情等因素使用讓步策略，而不顧及所處的場合、談判的進展情況及發展方向等，不遵從讓步策略的原則、方式和方法，將導致讓步價值缺失、讓步原則消失，進而促使對方的胃口越來越大，己方在談判中就容易喪失主動權，從而導致談判失敗，所以在使用讓步策略時千萬不得隨意而為。

4. 雙方共同讓步原則

談判中如果形勢所迫，自己再不做出讓步就有可能使談判夭折時，必須把握住雙方共同讓步原則。即在某一方面給了對方優惠，在另一方面必須加倍地，至少均等地獲取回報。當然，在談判時，如果發覺己方若是讓步可以換取對方更大的好處時，也應毫不猶豫地給其讓步，以保持全盤的優勢。

在商業談判中，為了實現共贏，讓步是必要的。但是，讓步又不能草率，必須慎重處理。

成功的讓步策略可以起到以犧牲局部小利益來換取整體大利益的作用，甚至可以達到「四兩撥千斤」的效果。

第九章

利用雙贏心理——
彼此信任，把對手當隊友

做生意時，都喜歡把競爭對手當成自己的敵人。
然而，競爭對手也要分良性和惡性的。
對於惡性競爭對手，應該給予有力地反擊；
對於良性競爭者，應在適當時候採取聯盟的形式，
求得共同發展。所謂的「同行是冤家」
有時候不過是鞭策你前進的動力。

做生意也要交朋友

「顧客就是上帝」，這一觀念時至今日已成為許多企業的信條和經營法寶。日本日立公司廣告課長和田可一曾說過：「在現代社會裏，消費者就是至高無上的王，沒有一個企業膽敢蔑視消費者的意志。蔑視消費者，一切產品就會賣不出去。」從這個意義上來說，顧客的確是企業命運的主宰者。

然而，從公共關係的角度來講，僅把顧客看成上帝還是不夠的。

這是因為一方面，它只是把企業與顧客的關係確定在單向經濟利益的基礎上，只考慮到了企業通過顧客才能獲得利潤，而沒有充分體現出企業應以消費者利益為導向的原則；另一方面，顧客既是「上帝」，企業就只需要被動地滿足上帝的需求，而無須主動地關心、體貼顧客，甚至引導顧客的消費，也就沒有體現出企業與顧客雙向溝通、互利互惠的原則。

在現代公共關係中，我們提倡的是，顧客既是企業的「上帝」，也應當是企業的朋友。

與顧客交朋友，首先應當考慮到顧客的利益，以誠懇的態度徵求顧客的意見，瞭解顧客的需求，取得顧客的信任。

美國通用汽車公司汽車引擎製造廠連續虧損幾年，新總裁要求所有的部門經理和員工每天親自登門拜訪至少四家客戶。根據客戶的建議，公司作出了多項改進服務的措施，結果公司產品的市場佔有率增加一倍，不僅轉虧為盈，利潤還達到兩千一百萬美元。

任何企業在與顧客接觸的過程中，難免會出現失誤，也難免會遇到一些意外，這時更應當把顧客的利益放在第一位，不能讓顧客因為自己的失誤而遭受損失。

美國《亞洲華爾街日報》曾有過這樣一篇報導：

一名美國顧客在東京一家百貨公司購買了一台新力牌音響，回家後，卻發現漏裝了內件。第二天一早，她本打算前往公司交涉，沒想到該公司先行一步打來道歉電話。五十分鐘後，公司的經理和一位年輕職員又親自登門表示歉意，並送來一台新的音響，同時還贈送一盒蛋糕、一條毛巾和一張著名的唱片。他們還向這位顧客講了發現這一錯誤之後，公司所做的各種努力，其中包括他們為查找這位顧客，曾打了三十五次國內國際的緊急電話的情形。

可見，與顧客交朋友，還要表現在對顧客的關心、愛護和體貼方面，使買賣雙方不局限於一種商業關係，還要富有「人情味」，要使顧客產生一種親切感，在購物的同時，得到一種精神情感上的滿足。

美國有位叫瑪麗·凱的顧客，曾講述過她的一次購買經歷與感受。她當時想買一輛黑白相間的轎車，然而在第一家店裏，由於生意人沒把她當回事，她覺得受到了冷遇，轉身就走了。進了第二家汽車店，生意人十分熱情，向她仔細介紹各種型號汽車的性能和價格，使她感到十分滿意。當她偶然談到那天是她的生日時，這位生意人馬上請她稍候一會兒，十五分鐘後，一位公司職員送來一束鮮花，這位生意人將鮮花送給她，並祝她生日快樂。當時，這一舉動使她感動萬分！於是，她毫不猶豫地購買了那位生意人向她推薦的一輛黃色轎車，而放棄了先前的打算。

這位生意人是個成功者，一束鮮花溝通了買賣雙方心靈的橋樑，使商店裏充滿溫馨的氣息，使顧客產生了深深的信任感，買賣自然能夠成功。

碰到顧客過生日當然很偶然，但這種公關意識值得我們深思。

美國一位創年推銷汽車一千五百輛世界紀錄的生意人華斯勒說，應當對每一位顧客都盡心盡責，與他們成為朋友。因為每一位顧客都有許多親朋好友，而這些親朋好友又有同樣數目的親友，失去一名顧客就會相應地失去幾十名乃至上百名顧客；而得到 名顧客情況則恰恰相反。人們會用自己的親身感受去影響周圍的親友。如果在推銷時能記住這個原則，就一定能不斷擴大自己的銷售業績，取得成功。

由此可見，事情不在大小，一句問候、一次微笑、一個動作，都能體現出為顧客著想的公關意識，也能獲得顧客的理解與回報。

妥善處理合作雙方關係

人脈就是財脈，這是許多商人的共識。做生意，首先要把人做好，大家關係處理好了，彼此信任，沒有隔閡，接下來的事情就水到渠成了。

商場是一個弱肉強食的世界，充滿了爾虞我詐。但是，李嘉誠一貫善待他人，並把它作為自己的處世原則，即使面對競爭對手也是如此。他說：「要照顧對方的利益，這樣人家才願與你合作，並希望下一次合作。即使在競爭中，也不要忘了想一想對方的利益。」

在李嘉誠看來，善待他人、利益均沾，是生意場上交朋友的前提，誠實和信譽是交朋友的保證。「在家靠父母，出門靠朋友」，做生意要重視人緣，善於發展朋友關係，大家開開心心，才能都有利可圖，絕對不要因為利益鬧得不歡而散。

李嘉誠在積累財富上創造了奇蹟，不過他更厲害的地方在於依靠高超的手腕建立起好人緣，在險惡的商場上避免了與人為敵。有人說，李嘉誠生意場上的朋友多如繁星，幾乎每一個與其有過一面之交的人，都會成為他的朋友。這種說法並不誇張。在生意場上，李嘉誠創造了只有對手而沒有敵人的奇蹟，這是做人的勝利。

如何讓生意來找你？那就要靠朋友。如何結交朋友？那就要善待他人，充分考慮到對方的利益。

李嘉誠是一個朋友眾多的商人，因為他善於與朋友合作，能夠把雙方的關係處理得很妥貼。與朋友一起做生意，實現雙贏的目標，李嘉誠有獨特的心得和體會。其中，有三點最重要，分別是：

(1)與別人合夥做生意，要堅持「共用共榮」。

李嘉誠認為，商業合作應該有助於競爭。聯合以後，競爭力自然增強了，對付相同的競爭對手則更加容易獲得勝利。

但是，在現實的商業世界裏，許多公司之間的聯合只是一種表面形式，在利益上沒有達到「共用共榮」，結果合作的基礎並不穩固，一旦被競爭對手找到空隙，與合夥人的關係很容易破裂，導致合作失敗。

因此，商業合作必須有三大前提：一是雙方必須有可以合作的意願；二是雙方必須有可以合作的利益；三是雙方必須有共用共榮的打算。此三者缺一不可。

(2)既要互惠互利，更要共度難關。

李嘉誠認為，做生意堅持「互惠」的原則，才能形成自由貿易的關係，實現「互利」的目標。反之，如果有人破壞這一原則，就容易形成保護主義，從長遠來看會危害到彼此的利益。

因此，與人做生意的時候，要積極主動向對方敞開大門，這樣不但可以吸收對方的有利方面，也有利於發揮自己的優勢，從而達到互通有無、融合共生的目標。

在今天的商業世界裏，企業有適應未來市場趨勢、提高技術進步的需要，必須結盟才能實現更大的發展。從技術、資訊，到資金、人員，任何一個企業都需要在合作中完成自我超越，因此必須堅持「和為貴」的原則。特別是遭遇困難時，企業更需要精誠合作，共渡難關。

(3) 財散人聚，善於分享的商人更能做成大買賣。

古語說：天下熙熙，皆為利來；天下攘攘，皆為利往。千百年來，商人們抱定一個宗旨：無利不起早，沒有利潤的事情是商人們所不願意涉足的。因此，李嘉誠在生意合作中總是抱著「分利於人，則人我共興」的態度與他人積極合作。

有句話說得好：財散人聚。你把利益與別人分享，就會贏得他人信賴、聚集人心，這樣一來，自己的業務範圍、合作夥伴才會越來越多，生意才會越做越大。與人分利、誠實經商，是李嘉誠獲得成功的重要秘訣。

想贏得更多的合作夥伴，把生意做大，你就必須老實做人，善於在合作中吃虧。說來也奇怪，人越老實，客戶越喜歡跟你做生意。在小的地方吃虧，才能在大的地方獲利。

在大規模的商業競爭中，最成功的做法是與朋友合作，既使對方有利可圖，又能在合作中壯大自己。也就是說，在合作中，要時刻注意對方的利益，並說服對方跟自己合作有錢賺。合作夥伴有了足夠的回報空間，自然樂於和你做買賣。

人不求我，我求人

「人不求我，我求人」，對一個老闆來講是種難得的品質和氣度。「求」並不是所謂的低三下四、阿諛奉承、自視矮人三分，而是老闆對自己定位的心態。

能以「人不求我，我求人」自律的老闆，為人處世勢必謙虛有禮，能很快贏得別人的好感。要「求」別人，自然要注意禮節，但最終受益的還是老闆自己。與之截然相反的另一種態度即「萬事不求人」，這也是老闆們常犯的錯誤。

「萬事不求人」的老闆有三種：

一種是生意大、地位高的老闆。「憑我的財富、地位，何嘗有求別人」，這是在擁有一定實力的基礎上有些飄飄然的老闆。

還有一種是自視過高、自命不凡的老闆，自認為精明強幹、能力超人，可以一個人打天下。

再有就是那種認為「我是老闆，求人多丟臉」，閉門造車、故步自封型的土老闆。

這三種類型的老闆在與其他老闆交往中，他們的態度、言行、舉止很容易造成對方的反感。就算是談論對雙方都有益的話題，也同樣不易成功。原因何在呢？

根源就在於他們「萬事不求人」的心態，在這種心態支配下，他們往往會有這樣的表現：

(1)孤傲自居，一副「君臨天下」的樣子，彷彿這筆生意你不和他談就別無出路。

(2)態度傲慢，出言不遜。好像你不是個老闆，而是他的下屬。

(3)對他自己不懂的事情裝懂，易對略知一二的事情誇誇其談。

(4)一味的要求對方讓步，把自己的條件、要求強加給對方。

「人不求我，我求人」則是一種更高的境界。這樣的老闆能從「自以為是」和「面子思想」的怪圈中走出來，在「求人」的過程中與其他老闆建立起良好的人際關係，以達到自我發展的目的。

克隆森是美國某電訊公司老闆，該公司發展規模屬於中等，收益也過得去。但克隆森看到電訊業強勁的發展勢頭和殘酷的競爭，他知道，若再不使公司壯大，勢必被別人兼併。

於是，克隆森派人去和摩托羅拉集團總裁高爾文聯繫，希望從那裏購進一套先進的程式控制電訊系統，然而幾次派人都未見到高爾文，最後克隆森親自出馬依舊未能如願，這位「摩托羅拉」之父太忙了。

一天，克隆森聽說高爾文坐火車將途經他所在的加州，他大喜過望，立即放下手頭所有的工作趕到車站。

打通關係後，終於見到了高爾文，當火車到達終點時，高爾文和克隆森已儼如多年密友，手挽著手從月臺談笑風生地走了出來。

一個星期後，克隆森所需要的設備已運達加州，為他今天在美國電訊行業的地位打下了堅實的基礎。

商界老闆一定要記住：

「人不求我，我求人」，受益的是你本人！

相應的，「萬事不求人」，受損的也只能是你本人！

尋找優秀的合作者

在多數情況下，想成功必須仰賴合作者的幫助。與你合作的人越多，你的運勢就越旺，如果你又能正確地選擇對你有幫助的人，成功必定指日可待。

存在於你和合作者間的，不是利害關係，而是「友誼」和「相互的尊重」。其次，不可對合作者的才能持過高的期望，或強求合作者具備他所沒有的才能。

每個人都有其擅長和不擅長的部分。一味要求對方達到你的標準，不管對方是否有能力做到，只知要求，不知體諒、感恩，甚至斥責、貶損對方，不但於事無補，還會使人心背離，失去優秀的合作者。

不過，有些合作者是為了自己的利益才接近你的，對於此類偽合作者，一定要小心防範。

儘管如此，卻不能因此對所有合作者都持懷疑的態度。

合作者的能力雖有高低，但對你有害的「有心人」畢竟只是少數，切莫一竿子打翻一船人。

如何才能具備吸引合作者的魅力呢？其實一點也不難。只要學會下列三項秘訣，你就能成為別具魅力的人：

(1)給予金錢的利益。切莫輕視利益的重要性，因為利益是吸引合作者助你一臂之力的要素，但是，過分重視利益也會破壞友誼的純度。

不給對方利益，會毀損你的魅力；給太多則可能適得其反。這之間的尺度，就靠你自己去掌握。

(2)滿足情感的需要。所謂情感需要，主要是指友情、彼此的夥伴意識。滿足對方對友情的渴求，對方自然樂意助你一臂之力。

(3)提高自我重要感。在提高自我重要感方面，要明確地讓對方知道，你是多麼需要對方的幫助，而且除了對方，沒有人有能力幫助你。這樣能大大地滿足對方的優越感，樂意助你一臂之力。

如能將上述三項秘訣銘記在心，你便會散發出無比的魅力，吸引優秀的合作者向你靠近，助你邁向成功之路。

記住別人的名字

即使很久沒見過面了，你仍然能描述你所碰到過的人裏最風趣、最迷人、最和藹、最有禮貌、最有成就的人，那肯定你是一個能記住別人名字的人。為什麼我們能這樣確定呢？因為我們都是人，人性的本能會讓我們覺得，記得我們名字的人，一定尊敬我們，因為名字是構成身分與自尊的重要一環。

為了社交或生意，學習聆聽的藝術，第一條規則就是要記住別人的名字。這一點值得一再重複，注意聽別人的名字，並且記下來。

若想以言談敲開他人緊閉的大門，聯繫很難以電話接頭的人，不必經過艱苦的磨煉，最簡單的方法就是要記住別人的名字。

有一位大公司的總裁，因為盡力記住別人的名字，結果成功地拉攏了一位公司職員的心，獲得了私人間永久的良好關係。總裁和那位職員在一次會議中見過面，過了幾個月，兩個人又在大廳中相遇，出乎意料的是，總裁向他點頭打招呼，並且說道：「嗨！

湯姆，你那個部門近來一切都很順利吧！」那個公司有好幾百個員工，總裁和湯姆也只見過一次面而已，而總裁卻把握機會，仔細聽人介紹湯姆的名字，並且以簡便的名字聯想法，把它記下來。許多年之後，湯姆都沒有忘掉總裁記得他名字的這件事。

不論生意場合或是個人交談，如果我們讓對方覺得他很有價值，那就是最佳的言辭溝通了。注意聽人介紹別人的名字，用意像聯想的方法牢記別人的名字，叫出別人的名字，任何情況中，這三種方法都可以增加你成功的機會。

與消息靈通的人合作

在今天這個資訊爆炸的時代，過分依賴於文字資料會造成盲目接受資訊的情況，也往往會產生對事物先入為主的偏見，使得結果與事實有一定差距。文字資料包括書本、雜誌、傳單、工作報告等，如未經進一步研究，盲目跟從是愚昧的行為。所以增加資訊的來源，除了通過大眾傳媒外，還要廣交消息靈通的朋友，他們是接觸層面較廣，能提供最新的商業資訊的人。

與此同時，你還應當發揮自己的聰明才智，增強自己大腦的思維能力。以下幾種方法值得借鑒：

(1)平日多走動，留意周圍所發生的事，動腦筋解決別人的難題，但不必讓當事人知道，將問題設身處地地想想便可以了。

(2)與身邊的親朋好友經常討論問題。不同的人有不同的思想，集中大家的思維，找出一個可遵循的正確方向。

(3)隨時調整適應事物的「頻率」，遇事不必大驚小怪，要將自己的見聞增廣，學會接受和理解前所未聞的事物。

(4)不斷認識不同階層的人，等於廣布眼線，他們的意見、批評也就等於消費者的意見，可使你清楚商品的優劣，不致使自己的商品落後於消費者的需要。

(5)學會應酬，一個怕應酬的人不可能成為成功的企業家。初在商場探路的人，如有意發展，大大小小的應酬活動在所難免。

不要小看每個活躍在商場的人，他們在商場逗留得愈久，就愈有價值，無論他們的成就多寡。多方面接收資訊，上至上流社會人士，下至市井之徒，均加以瞭解和結交。

不斷接受資訊，便能不斷地感受、接觸更多事物，使自己敏銳起來。

時下成功的老闆，不少人高高在上，漸漸鄙視社會底層的朋友，覺得與之交往會被上層人物取笑，或自以為不需要社會底層朋友的幫助，而忽略他們的存在價值，這是何等愚蠢的思想。

愈是坐得高，就愈不能孤立自己。長久與下層脫節，眼光就愈短淺，愈不瞭解社會大眾的需求。一個人或幾個人的思想和能力終究有限，廣交朋友，接納多方面的意見，這是一個開明老闆所必不可少的修養。

舉手之勞，帶來意外的收穫

在一個多雨的午後，有位老婦人走進費城一家百貨公司，大多數的櫃檯人員都不理她，但有一位年輕人卻問她是否能為她做些什麼。

當她回答說只是在等雨停時，這位年輕人並沒有推銷給她不需要的東西，也沒有轉身離去，反而拿給她一把椅子。

雨停之後，這位老婦人向這位年輕人說了聲「謝謝」，並向他要了一張名片。

幾個月之後，這家店收到一封信，信中要求指派這位年輕人前往蘇格蘭收取裝潢一整座城堡的訂單。這封信就是這位老婦人寫的，而她正是美國鋼鐵大王安德魯・卡內基的母親。

當這位年輕人打包準備去蘇格蘭時，他已升格為這家百貨公司的合夥人了。這個例子是報酬增加率的最佳寫照，而報酬增加的原因，就在於他比別人付出了更多的關心和禮貌。

無悔的付出乃是制勝之道。除了付出之外，沒有其他的捷徑。無論你是普通職員還是有身分和地位的人，多付出一點點都可能為你帶來好人緣，使你成為聲譽卓著的人物。下面的這個故事，也同樣說明了這樣做的巨大好處：

很多年前，一個暴風雨的晚上，有一對老夫婦走進旅館的大廳要求訂房。

「很抱歉，」櫃檯裏的人回答說，「我們飯店已經被參加會議的團體包下了。往常碰到這種情況，我們都會把客人介紹到另一家飯店。可是這次很不湊巧，另一家飯店也客滿了。」

停了一會兒，這個店員又接著說：「在這樣的晚上，我實在不敢想像你們離開這裏卻又投宿無門的處境。如果你們不嫌棄，可以在我的房間裏住一晚，雖然那不是什麼豪華套房，但卻十分乾淨。」

這對老夫婦顯得十分不好意思，但那個人卻說：「我今晚就待在這裏工作，反正晚班督察員今晚是不會來了，所以你們不必在意。」於是，這對夫婦謙和有禮地接受了他的好意。

第二天早上，當老先生下樓來付房費時，那位服務員依然在當班。但他婉拒道：「我的房間是免費借給你們住的，我全天候待在這裏，已經賺取了很多額外的鐘點費，那個房間的費用本來就包含在內了。」

老先生說：「像你這樣的員工，是每個旅館老闆都夢寐以求的，也許有一天我會為你蓋一座旅館。」

年輕的服務員聽後笑了笑，他明白這對老夫婦的好心，但他只當那是個玩笑。

又過了好幾年，那個服務員依然在同樣的地方上班。有一天，他收到了老先生的來信，信中清晰地敘述了他對那個暴風雨的夜晚的記憶。同時，老先生邀請服務員到紐約去看望他，並附上了兩張往返機票。

幾天後，服務員到了曼哈頓，在坐落於第五大道和三十四街區的豪華建築物前見到了老先生。老先生指著眼前的大樓解釋說：「這就是我專門為你建的飯店，我以前曾經對你說過的，你還記得嗎？」

「您在開玩笑吧？」年輕的服務員不敢相信自己的耳朵，顯得很慌亂並略帶口吃地說，「您把我搞糊塗了！為什麼是我？您到底是什麼身分呢？」

老先生很溫和地微笑著說：「我的名字叫威廉．華道夫．愛斯特。這其中並沒有什麼陰謀，只是因為我認為你是經營這家飯店的最佳人選。」

這家飯店，就是後來著名的華道夫．愛斯特莉亞飯店的前身，而這個年輕人，就是喬治．伯特，這家飯店的第一任經理。

在人類社會中，感恩圖報是一般人都有的普遍心理。假如你能讓別人欠你一份人情債，十有八九都會得到對方的報答。你可以無意識地這樣做，也可以有意識地這樣做。但不管怎樣，你都不必刻意等待報答結果的到來。

當然，有時候這需要你作出額外的付出。而在更多的情況下，你可能只是送一個順水人情，根本不需要做出自我犧牲。

不過，一定要像喬治．伯特那樣善良才行。試想一下，如果他在老先生付房費時坦然收下了，那麼先前的那一筆人情債也就不復存在了，這就是巧妙之處。

以己度人，為顧客著想

做生意無非是做交情而已。如何做交情呢？別人友善待我，令我開心，我便樂意跟他打交道。以己度人，我友善待人，讓人開心，他也會樂意跟我打交道。所以，友善地對待每一位顧客，即是做活生意和做大生意的根本之道。

有一天，松下幸之助去一家電器商店看望一位老朋友。這位朋友不斷地抱怨生意難做：「真不知道我這個小店還能維持多久！為什麼您的生意越做越大，無論景氣不景氣您都能賺錢，有訣竅嗎？」

「做生意的訣竅，無非一個『信』字，然後用心去做。」松下說。

「我這個人一向很講信用，從不賣質次價高的商品，這一點想必您是知道的。說到用心，我也想過一些促銷辦法，生意就是不見起色。」

松下含笑道：「是這樣嗎？」

這時，一個小孩蹦蹦跳跳跑進來，說：「伯伯，我買一個燈泡，要四十瓦的。」

朋友停止談話，轉身取出一個燈泡，在燈座上一試，是好的。然後交給小孩，收了錢，小孩又跑出去了。松下看著遠去的小孩，問朋友：「平時你都這樣做生意嗎？」

「是的。有什麼不對嗎？」

「這樣做是發不了財的。」

「為什麼？」店主驚訝地問。

松下說：「這樣做生意太不用心了！那孩子來買燈泡時，你為什麼不多跟他聊幾句呢？比如：『小朋友，上幾年級了，長得可真高啊！』拿燈泡給他時說：『回去告訴媽媽，如果燈泡不好用，就來退換，好不好？』孩子將話帶回去，他們全家都知道這兒有一個很熱情的店主，下次買電器，肯定來找你。」朋友頻頻點頭，覺得確有道理。

松下又說：「還有，那孩子蹦蹦跳跳跑出去時，你為什麼不提醒他走慢些呢？萬一燈泡因此損壞，他家裏人即使不來找你，也會對你的商店留下不好的印象吧！」

店主恍然大悟，頓時明白松下為什麼能成為大商人，為什麼能在景氣和不景氣時都能賺錢。

世上冷酷無情絕對自私的人極少，多數人是講交情愛面子的，也有一點知恩圖報和無功不受祿的心理。假如你態度熱情，真心實意地對待顧客，他們就很難冷漠地對待你，除非確有不便，否則他會樂意跟你做生意。這正是大商人招攬生意的絕活。

李嘉誠年輕時，曾在一家生產塑膠灑水壺的工廠當推銷員。在實踐中，他摸索出了一種以情動心的推銷方法：他每天早早地趕到人家公司門前，這時尚未到上班時間，只有清潔工在打掃。李嘉誠就對清潔工說：「我幫您灑點水試試。」

灑過水後，掃地就沒有灰塵了。清潔工一方面覺得這玩意管用，一方面見李嘉誠幫了忙，心懷好感，因此極力向老闆推薦他的灑水壺，有時一買就是好幾個。

在人家上班的時間，李嘉誠也有辦法。他對那些有權決定採購的主管說：「我給您演示一下這種產品的特點，順便給您掃掃地。」於是，灑水，掃地。地掃完了，極少有人會拒絕買他的灑水壺。李嘉誠的這種方法，既展示了產品的優點，又顯示了自己的誠意，效果非常好。通過這種方法，他成為那個工廠最好的推銷員。

只用智商卻不用情商做生意的商人是不會有多大出息的，因為他們的眼睛只盯著顧客的錢包，一門心思考慮如何從顧客身上掏出錢來，對顧客的心情和利益都毫無興趣。自然，顧客也會捂緊自己的錢包，像防賊似的提防著他們的算計。在這種情況下，要想賺錢就非常不容易了。

在商場中，情商絕對比智商重要！

第十章

洞悉消費心理——

把握不同顧客的購買消費心理

洞悉顧客的消費心理，懂得轉換自己的身分與立場，站在客戶的立場來思考問題，將心比心、知己知彼、百戰百勝。對顧客心理體察入微，拉近經營者與客戶之間距離，找到最佳的利潤增值點，熟練把握不同年齡、階層的消費者所屬的消費特點。

解析顧客的購買心理

俗話說：知己知彼，百戰不殆。銷售人員在推銷過程中，充分瞭解客戶的購買心理，是促成生意的重要因素。

顧客在交易過程中會產生一連串複雜、微妙的心理活動，包括對商品交易的數量、價格等問題的一些想法及如何與你交易、如何付款、訂立什麼樣的支付條件等。顧客的心理對交易的數量甚至交易的成敗，都有至關重要的影響。因此，優秀的銷售人員都懂得對顧客的心理予以高度重視。

二十世紀四〇年代美國的八大財團中，摩根財團是名列前茅的「金融大家族」。可老摩根從歐洲漂泊到美國時，卻窮得只有一條褲子。後來夫妻倆好不容易才開了一家小雜貨店。當顧客買雞蛋時，老摩根由於手指粗大，就讓她老婆用纖細的小手去抓蛋，雞蛋被纖細的小手一襯托後就顯得大些，摩根雜貨店的雞蛋生意也因此興旺起來。

老摩根針對購買者追求價廉的動機，利用人的視覺誤差，巧妙地滿足了顧客的心理需求。其後代子承父業，也深諳經營之道，終於逐步發家，成為富甲天下的「金融大家族」。

由於人的購買行為是受一定的購買動機支配的。所以研究這些動機，就是研究購買行為的原因，掌握了購買動機，就好比掌握了擴大銷售的鑰匙。

歸納起來，顧客的消費心理主要有以下十一種：

(1)**求實心理**。這是顧客普遍存在的心理動機，他們購物時，首先要求商品必須具備實際的使用價值，講究實用。有這種動機的顧客，在選購商品時，特別重視商品的品質和效用，追求樸實大方、經久耐用，而不過分強調外形的新穎、美觀、色調、線條及商品的「個性」特點。

(2)**求美心理**。愛美之心，人皆有之。有求美心理的人，喜歡追求商品的欣賞價值和藝術價值，以中年人和文藝界人士居多，在經濟發達國家的顧客中也較為普遍。他們在挑選商品時，特別注重商品本身的造型美、色彩美，注重商品對人體的美化作用，對環境的裝飾作用，以便達到藝術欣賞和精神享受的目的。

(3)**求新心理**。有的顧客購買物品注重「時髦」和「奇特」，好趕「潮流」。這類心理在經濟條件較好的城市年輕男女中較為多見，在西方國家的一些顧客身上也常見。

(4)**求利心理**。這是一種「少花錢多辦事」的心理動機，其核心是「廉價」。有求利心理的顧客，在選購商品時，往往要對同類商品之間的價格差異進行仔細的比較，還喜歡選購打折或處理商品，具有這種心理動機的人以經濟收入較低者為多，當然，也有經濟收入較高而勤儉節約的人。這些希望從購買商品中得到較多利益的顧客，對商品的花色、品質很滿意，愛不釋手，但由於價格較貴，一時下不了購買的決心，便討價還價。

(5)**求名心理**。這是一種以顯示自己的地位和威望為主要目的的購買心理。他們多選購名牌，以此來「炫耀自己」。具有這種心理的人，普遍存在於社會的各階層。尤其是在現代社會中，由於名牌效應的影響，衣食住行選用名牌，不僅提高了生活品質，更是一個人社會地位的體現。

(6)**仿效心理**。這是一種從眾式的購買動機，其核心是「不落後」或「勝過他人」，他們對社會風氣和周圍環境非常敏感，總想跟著潮流走。有這種心理的顧客，購買某種商品時，往往不是由於急切的需要，而是為了趕上他人，超過他人，藉以求得心理上的滿足。

(7)**偏好心理**。這是一種以滿足個人特殊愛好和情趣為目的的購買心理。有偏好心理動機的人，喜歡購買某一類型的商品。例如，有的人愛養花，有的人愛集郵，有的人愛攝影，有的人愛字畫等等。這種偏好性往往同某種專業、知識、生活情趣等有關。因而偏好性購買心理動機往往比較理智，指向性也比較明確，具有經常性和持續性的特點。

(8)**自尊心理**。有這種心理的顧客，在購物時，既追求商品的使用價值，又追求精神方面的高雅。他們在購買之前，就希望他的購買行為受到銷售人員的歡迎和熱情友好的接待。經常有這樣的情況：有的顧客滿懷希望地進商店購物，一見銷售人員的臉冷若冰霜，就轉身而去，到別的商店去買。

(9)**疑慮心理**。這是一種瞻前顧後的購物心理動機，其核心是怕「上當吃虧」。在購物的過程中，有些人對商品的品質、性能、功效持懷疑態度，怕不好使用，怕上當受騙。因此，他們要反覆向銷售人員詢問，仔細地檢查商品，並非常關心售後服務工作，直到心中的疑慮解除後，才肯掏錢購買。

(10)**安全心理**。有這種心理的人對欲購的物品，要求必須能確保安全。尤其像食品、藥品、洗滌用品、衛生用品、電器用品和交通工具等，不能出任何問題。因此，他們非常重視食品的保鮮期，藥品有無副作用，洗滌用品有無化學反應，電器用品有無漏電現象等。在銷售人員解說、保證後，才能放心地購買。

(11)**隱秘心理**。有這種心理的人，購物時不願為他人所知，常常採取「秘密行動」。他們一旦選中某件商品，而周圍無旁人觀看時，便迅速成交。青年人購買和性有關的商品時常有這種情況，一些知名度很高的名人在購買高級商品時，也有類似情況。

瞭解顧客的需求心理

隨著社會的發展，越來越多的人對商品的外表和品質、實用性和細節設計、便利性和創造性以及服務愈加重視起來，這是大家對商品的總體要求。

有經驗的商人都知道：把握好顧客的需求心理，是成功銷售的一個重要因素。但由於性別、心理、性格、文化程度、經濟條件、生活環境、購買習慣等方面存在差異，所以要準確把握每位顧客的需求心理是有一定困難的，但只要認真對待，仍能從顧客的表情和行動上找出一些規律來。業務員只要抓住顧客各自不同的心理特點周到地服務，還是能促使銷售工作順利進行的。下面具體介紹四種把握顧客需求心理的方法：

1.認真傾聽顧客說話

優秀的業務員應善於傾聽顧客說話。不管是顧客的意見還是要求，只要顧客能夠暢所欲言，就有助於瞭解其心理活動，瞭解其購買需求。顧客對那些能夠認真聽取自己講話的業務員也非常尊重。業務員在傾聽顧客意見時要做到以下幾點：

(1)要耐心傾聽

業務員必須認真仔細地傾聽顧客所講的每一句話，通過顧客的言談來判斷顧客最關心的事情，根據他們的需要提出合理化建議，而不能只憑自己的主觀感覺來判斷顧客的需要。面對顧客提出的問題，要能及時準確地回答，這種回答是建立在對自己經營的商品瞭若指掌的基礎上的。只有這樣才能取得銷售的成功，才能豐富自己的職業經驗。

(2)集中注意力

聽也是一門學問，對顧客所講的事情，不管愛聽不愛聽，都要集中注意力，認真傾聽。顧客如果發現業務員並沒有專心地聽自己講話，只是在敷衍了事，那麼業務員將失去顧客的信任，從而導致銷售失敗。

(3)回應要適時

業務員不能一味地點頭或面無表情地站在一旁聽顧客講話，還要能在傾聽顧客講話的同時，不失時機地對顧客的話有所反應，用目光鼓勵顧客把話說清楚，把要表達的意思講明白，並用「我知道您的意思」、「這個想法很好」、「您說得沒錯」等語言表示贊同，幫助顧客理清頭緒，使顧客能表述得更具體、更詳細。

(4)用最短的時間解決問題

當顧客對店鋪、業務員或商品有意見時，都需要尋找對象發洩出來，業務員應諒解顧客的這種心理，讓顧客把意見講出來。業務員還要引導顧客把要說的話說完，從顧客的談話內容、說話的聲調、說話時的面部表情、說明問題時的肢體動作中瞭解顧客的真正意圖，從而幫助顧客解決問題，最終滿足顧客的需要。

2.詢問的藝術

業務員在詢問時如能講究語言藝術和說話技巧，就有助於從顧客那裏得到有用的資訊，也能從感情上拉近與顧客的距離，更能準確地把握顧客的購買動機。一般情況下，顧客大都討厭業務員喋喋不休地詢問，如果業務員不講究語言藝術和說話技巧，那麼，不但達不到目的，還會引起顧客的反感。因此，業務員在詢問時，一定要掌握時機，要以巧妙、不傷害顧客的感情為前提。業務員可以提出幾個經過精心選擇的問題，然後禮貌地詢問顧客，在與顧客的對話中，瞭解他們的真實想法。

詢問一般應遵循以下幾點原則：

- 詢問要有節制，不要只顧達到目的，而不看顧客的反應，這會使顧客產生一種被調查的感覺，從而對業務員產生反感情緒，最後給顧客留下不好的印象。
- 業務員在詢問顧客的購買需求時，要使用循序漸進的方法，先詢問簡單的問題，並通過顧客的表情和回答來判斷是否有必要再進一步提問題。
- 在詢問的同時向顧客展示商品，一邊對顧客展示介紹某件商品，一邊耐心地詢問顧客的要求，這樣就容易瞭解到顧客的購買意圖，有針對性地為之服務，促使交易成功。

3.誠心誠意推薦

業務員在觀察顧客時，應能根據顧客所挑選的商品，判斷出顧客的愛好和興趣，並及時向顧客推薦一至兩件與之相似的商品供顧客選擇，然後觀察顧客的反應，瞭解顧客的購買意圖，合理地介紹商品。顧客得到業務員的鼓勵後，往往會很快地下定購買的決心。因此，在銷售過程中，業務員只要仔細觀察顧客的一舉一動，選擇適當的接觸時機再加上得體的詢問推薦，一般都能較快地掌握顧客的需求心理。

4.用心觀察

通過認真觀察顧客的動作和臉部表情可以判斷出他們的需求心理，發現顧客購買商品的意願。

不能只從顧客的衣著來判斷顧客購買的可能性，要尊重顧客，接待顧客要一視同仁，否則會給顧客一種受侮辱的感覺，從而失去一個良好的成交機會。

要仔細觀察每一個走進店鋪的顧客的舉止，從而較為準確地把握顧客的需求心理。當業務員把某種商品遞給顧客時，如果顧客對商品表現出濃厚的興趣，並且面帶微笑，或者當業務員介紹商品的有關知識和注意事項時，顧客認真傾聽並不時地點頭，這就說明顧客對這種商品基本滿意，這時業務員可以進一步堅定顧客購買的決心。否則，業務員就可以轉而介紹其他商品。

生意人都希望與顧客保持良好的關係，進而圓滿地達成交易。要搞好與顧客的關係，並不是去設法滿足顧客的要求，而是儘量理解他的本來目的，再根據顧客的表現，來決定自己的態度，然後利用心理因素來吸引顧客。

有的生意人為了與顧客搞好關係，往往一味地向顧客阿諛奉承，以求得工作順利進行，其實這是毫無效果的，因為大多數顧客都瞧不起這類人。

重視每個顧客的需求

對於生意人來說，客戶就是最重要的人，從剛接觸客戶開始，生意人就應該把服務客戶當作頭等大事。想要把別人變成自己的客戶，需要時時刻刻重視客戶的要求，因為客戶需要得到你的重視。

每個人都希望別人可以重視自己。雖然每個人的年齡、性別、經歷等都各不相同，但是大家都希望別人可以接納自己，只有自己被別人所接納或重視，才不會感覺是局外人。

在一個生活圈子內，有時候可能只需要一句話或者一個微笑便能讓人感受到自己是被大家所接納的，或者自己是受到重視的，一旦一個人感覺自己受到了別人的重視，那麼這個人就會與重視他的人形成一種良好的關係。

日常生活中如此，推銷活動中亦如此。如果一個生意人對他的客戶表現出很重視的模樣，客戶就可以和生意人進行親密的交談。

要真誠地表示出對客戶的重視，首先就是要接納客戶的一切，包括的客戶的外表、性格。用簡單的話來說，就是生意人首先要放下自己的看法、主張等，盡可能讓客戶明白，你不討厭他，他是受歡迎的，這樣你的客戶才能輕鬆地和你合作。

對客戶表示重視，就要重視他的一切，他的衣著、名片等實際上就是代表了客戶本人，因此要在細節中體現出對客戶的重視，你的推銷之路才能走得更加順暢。

抓住客戶的跟風意識

一般說來，群體成員的行為，通常具有跟從群體的傾向。表現在購物消費方面上，就是隨波逐流的「從眾心理」，當有一些人說某商品好的時候，就會有很多人「跟風」前去購買，即使不怎麼好，也會在心理上有所安慰，畢竟大家都在買，肯定差不了，上當也不是自己一個人。

「從眾」是一種很普遍的社會心理和行為現象，也就是人們常說的「人云亦云」、「隨波逐流」。大家都這麼認為，我也就這麼認為；大家都這麼做，我也就跟著這麼做。從眾心理在消費過程中，也是十分常見的。因為很多人都喜歡湊熱鬧，所以當看到別人成群結隊、爭先恐後地搶購某商品的時候，也會毫不猶豫地加入到搶購大軍中去。

這種心理當然也給銷售人員推銷自己的商品帶來了便利。

銷售人員可以吸引客戶的圍觀，製造熱鬧的行情，以引來更多客戶的參與，從而製造更多的購買機會。例如，銷售人員經常會對客戶說：「很多人都買了這一款產品，反應很不錯」，這樣的言辭就巧妙地運用了客戶的從眾心理，使客戶在心理上得到一種依靠和安全保障。

即使銷售人員不說，有的客戶也會在銷售人員介紹商品時主動問：「都有誰買了你們的產品？」意思就是說，如果有很多人用，我就考慮考慮。這也是一種從眾心理。

利用客戶隨波逐流的心理又稱為「推銷的排隊技巧」。

比如，某商場入口處排了一條很長的隊伍，那麼從商場經過的人就很容易加入排隊的隊伍中。因為人們看到此類場景時，第一個念頭就是：那麼多人圍著一種商品，一定有利可圖，所以我不能錯失機會。這樣一來，排隊的人就會越來越多。

但事實上，這些人中真正有明確購買意圖的沒有幾個，人們不過是在相互影響，認為其他購買的人總比銷售人員可信。既然客戶有這種心理，銷售人員在進行銷售時，就應該利用客戶的從眾心理來營造行銷氛圍，影響人群中的敏感者接受產品，從而達到讓整個人群都接受產品的目的。

日本有位著名的企業家，名叫多川博，他因為成功地經營嬰兒專用的尿布，使公司的年銷售額高達七十億日元，並以百分之二十速度遞增的輝煌成績而一躍成為世界聞名的「尿布大王」。

在多川博創業之初，他創辦的是一個生產銷售雨衣、游泳帽、防雨斗篷、尿布等日用橡膠製品的綜合性企業。但是由於公司泛泛經營，沒有特色，銷量很不穩定，曾一度面臨倒閉的危機。

一個偶然的機會，多川博從一份人口普查表中發現，日本每年出生約兩百五十萬嬰兒，如果每個嬰兒用兩條尿布，一年就需要五百萬條。於是，他們決定放棄尿布以外的產品，實行尿布專業化生產。

尿布生產出來了，而且是採用新科技、新材質，品質上乘；公司花了大量的精力去宣傳產品的優點，希望引起市場的轟動。

但是在試賣之初，基本上無人問津，生意十分冷清，幾乎到了無法繼續經營的地步。多川博先生萬分焦急，經過苦思冥想，他終於想出了一個好辦法。

他讓自己的員工假扮成客戶，排成長隊來購買自己的尿布。一時間，公司的店面門庭若市，幾排長長的隊伍引起了行人的好奇：「這裏在賣什麼？」「什麼商品這麼暢銷，吸引這麼多人？」如此，也就營造了一種尿布旺銷的熱鬧氛圍，於是吸引了很多「從眾型」的買主。

隨著產品不斷銷售，人們逐步認可了這種尿布，買尿布的人越來越多。後來，多川博公司生產的尿布還出口他國，在世界各地都暢銷開來。

尿布的暢銷就是利用客戶的從眾心理打開市場的，但是前提是尿布的品質好，在被客戶購買後能得到認可。因此銷售最終還是要以品質贏得客戶的，而利用其心理效應只是一個吸引客戶的手段。

實際上，客戶在消費過程中的從眾心理有很多表現形式，威望效應就是其中一種。例如，現在很多公司、商家的產品都會花高價請明星來代言產品、做廣告，以引起客戶的注意和購買。一般來說，當一個人沒有主張或者判斷力不強的時候，就會依附於別人的意見，特別是會依附一些有威望、有權威的人物的意見。

我們都見過在大街上發產品宣傳單的情景，仔細觀察你就會發現，某人在發傳單，如果有一群人從他身邊經過，只要一個人不要他的宣傳單，那麼其他的人都不會要；只要一個人接了他的宣傳單，其他人就是你不給他，他也會主動要。在櫃檯促銷中也會遇到這樣的情況，如果有一個人買，圍觀的人大都會買；如果沒人買，大家就都不會買。造成這種狀況的根本原因就是客戶的從眾心理，人們在許多情況下，都會看眾人的反應而行動。

當然，利用客戶這種心理的確可以提高推銷成功的機率，但是也要注意講究職業道德，不能靠拉幫結夥欺騙客戶，否則會適得其反。

把顧客奉若「上帝」

「Very Important Person」譯成中文就是「高級會員、貴賓」，縮寫為「ＶＩＰ」。這是一些商家鑒於競爭激烈，而想出的經營手段。凡是成為某個商家ＶＩＰ會員的人，就可以享受到一些特有的優惠或者折扣，ＶＩＰ會員還有消費紅利、聯誼活動、免費停車等特殊權利。不僅如此，有時人們辦一張ＶＩＰ會員卡為的不是得到更多的實惠，而是一旦成為哪個商家的ＶＩＰ會員，就會覺得自己特別有面子，可以說ＶＩＰ已經成為一種身分和地位的象徵。

每個人都願意聽到讚美的話，喜歡得到別人的恭維，即使那些平時說討厭被恭維的人，其實內心也是喜歡聽恭維話的。現在越來越多的商家為客戶辦理ＶＩＰ卡，用打折、積分和優惠等活動來吸引客戶消費，同時給予客戶實惠。據調查，百分之二十三持有ＶＩＰ卡的人在辦理的時候都是為了滿足虛榮心，百分之二十六的人是因為商家推銷而辦理的，還有百分之十五的人是抱著「別人有我不能沒有」的心態辦理ＶＩＰ卡的。這個調查說明，客戶都想要得到ＶＩＰ待遇，而推銷成功與否，要看你怎樣應對客戶的這種心理。

正所謂客戶就是「上帝」，作為「上帝」，他們當然希望你能給他們關懷和實惠，不要只把「上帝」放在嘴邊，即使是表面上的功夫，也不要表現得太虛，僅僅在過年過節時給予一些關懷的資訊是遠遠不能滿足他們的需求的，你要適當地送給「上帝」一些實惠才行。

價格對顧客的心理影響

在商品推銷中，價格是一個非常敏感的因素，合理的價格能夠讓顧客順利地接受你所推銷的產品。當然，在現階段的市場經濟條件下，價格固定不變是不可能做到的，因此，你應當在銷售過程當中預留出適當的價位變化的空間，以便和客戶談判。

有一對夫婦，在商店選購首飾時，對一只十八萬元的翡翠戒指很感興趣，但因其價格昂貴而猶豫不決。

這時善於察言觀色的售貨員介紹說，某國總統夫人來店時也曾看過這只戒指，而且也非常歡喜，但由於價錢太貴，沒有買。這對夫婦聽完後，為了證明他們比那位總統夫人更有錢，就毅然買下了那只戒指。

由於這位售貨員經驗豐富，對顧客的購買心理動機和購買行為特點揣度及時準確，寥寥數語，切中要害，所以迅速有效地促成了交易。

雖然多數顧客都想選擇價格便宜的商品，但是消費水準的提高和消費心理的變化，使銷售者的方針必須及時地實現從「優質低價」向「受顧客支持的價格」轉變。

近年來，在發達國家的市場上，消費者的購物行為出現了高級化的趨向，越是品質好、價格高的產品銷得越快。

老牌子的「李維」牌牛仔褲每條售價是十五美元。

揚賓尼公司為了向李維．斯特勞斯公司挑戰，每條牛仔褲定價三十美元，同時輔以成功的廣告宣傳，提高了該公司產品的聲譽。這樣，高價牛仔褲以高級商品的形象出現，反而比低價牛仔褲更受顧客的歡迎。

一九八三年，李維．斯特勞斯公司的總經理失聲驚呼：「揚賓尼買走了美國大半個牛仔褲市場。」

為了使價格得到消費者的支持，在美國紐約有一種非常特殊的「九角九」商店，這是一種小規模的自選商店，主要出售日用雜貨、廚房用品、家用小五金以及常用藥品等。這類商店出售的組合商品，單價一般都是九十九美分，每袋糖果和每盒餅乾也是九十九美分……雖然九十九美分離一美元僅差一美分，但這一美分之差，卻對消費者的心理產生了重大的影響。

(1)它給消費者以準確定價的影響，使消費者感到經營者的定價是認真的、合理的，即使一分錢不湊成整數。

(2)給消費者以價格偏低的影響，九十九美分與一美元雖只差一美分，但給人的感覺是「不到一元」的商品，如果是「一元零一分」，那就會給人造成「超過一元」的感覺，兩者的價格概念，在心理上的差距比實際差距要大得多。

當然，由於商品的價值不同，不可能所有商品都定九角九分的價。因此，美國的一些商業心理學家，曾經調查過各類商品的最佳定價法。據相關統計顯示：在美國，五美元以下的價格，末位是九定價最受歡迎。五美元以上的價格，末位是五定價的商品，銷售情況最佳。

我國零售商品定價，多數也是採取類似的非整數定價原則，以適應價格對消費者心理的影響。

總之，價格強烈影響著產品在銷售市場上的地位，影響賣方的形象，也影響競爭對手的行為，對購買者的消費心理和購買行為有重大作用。因此，定價必須採取靈活而慎重的態度。

滿足顧客佔便宜的心理

推銷人群中流傳著這樣一句話：客戶要的不是便宜，而是要感到占了便宜。客戶有了佔便宜的感覺，就容易接受你推銷的產品。

客戶佔便宜的心理給了商家可乘之機。

如一些顧客在購物的時候，常常用對方不降價自己就不買來「威脅」商家，於是商家最終妥協了，告訴顧客「快打烊了，我便宜賣給你了」，「我這是清倉的價錢給你的，你可不要和朋友說是這個價錢買的」，「今天你是第一單，算是我圖個吉利吧」，於是這位顧客自以為獨享這種低價的優惠滿意而歸。此種情況並不少見，精明的商家總能找出藉口賣出東西並讓客戶覺得占了便宜。

由此可以看出，大多數客戶不喜歡對產品的真實價錢仔細研究，而喜歡買些更便宜的物品。

銷售人員怎麼做才能讓客戶覺得占了便宜呢？你可以去看看商場中最暢銷的產品，

它們通常不是知名度最高的名牌，也不是價格最低的商品，而是那些促銷「周周變、天天有」的商品。

促銷的本質就是讓客戶有一種佔便宜的感覺。一旦某種以前很貴的商品開始促銷，人們就覺得買了實惠。

雖然每個客戶都有佔便宜的心理，但他們又都有一種「無功不受祿」的心理，所以精明的銷售人員總是能利用人們的這兩種心理，在未做生意或者生意剛剛開始的時候拉攏一下客戶，送客戶一些精緻的禮物或請客戶吃頓飯，以此來提高雙方合作的可能性。

貪圖便宜是人們常見的一種心理傾向，我們在日常生活中經常會遇到這樣的現象。例如，某某超市打折了，某某廠家促銷了，人們只要一聽到這樣的消息，就會爭先恐後地向這些地方聚集，以便買到便宜的東西。

物美價廉永遠是大多數客戶追求的目標，人們總是希望用最少的錢買最好的東西，這就是人們佔便宜心理的一種生動表現。

佔便宜也是一種心理滿足，客戶會因為用比以往便宜很多的價錢購買到同樣的產品而感到開心和愉快。銷售人員最應該懂得客戶的這一心理，從而用價格上的差異來吸引客戶。

古時候有一個賣衣服、布匹的店鋪，鋪裏有一件珍貴的貂皮大衣，因為價格太高，一直賣不出去。

後來店裏來了一個新夥計，他說他能夠在一天之內把這件貂皮大衣賣出去，掌櫃不信，因為衣服在店裏掛了一兩個月，人們只是問問價錢就搖搖頭走了，他怎麼可能在一天時間裏賣出去呢？

但是夥計要求掌櫃的要配合他的安排，不管誰問這件貂皮大衣價格的時候，都要回答說是五百兩銀子，但其實它的原價只有三百兩銀子。

二人商量好以後，夥計在前面打點，掌櫃的在後堂算賬，一上午基本沒有什麼人來。

下午的時候，店裏進來一位婦人，在店裏轉了一圈後，看上了那件賣不出去的貂皮大衣，她問夥計：「這衣服多少錢啊？」

夥計假裝沒有聽見，只顧忙自己的，婦人加大嗓門又問了一遍，夥計才反應過來。

他對婦人說：「不好意思，我是新來的，耳朵有點不好使，這件衣服的價錢我也不知道，我先問一下掌櫃的。」

說完就衝著後堂大喊：「掌櫃的，那件貂皮大衣多少錢？」

掌櫃的回答說：「五百兩！」

「多少錢？」夥計又問了一遍。

「五百兩！」

掌櫃聲音很大，婦人聽得真真切切，心裏覺得太貴，不準備買了。

而這時，夥計憨厚地對婦人說：「掌櫃的說三百兩！」

婦人一聽頓時欣喜異常，認為肯定是小夥計聽錯了，自己少花二百兩銀子就能買到這件衣服，於是心花怒放，又害怕掌櫃的出來就不賣給她了，於是付過錢以後就匆匆地離開了。

就這樣，夥計很輕鬆地把滯銷了很久的貂皮大衣按照原價賣出去了。

店夥計就是利用了婦人的佔便宜心理，成功地把衣服賣了出去。銷售人員在推銷自己產品的時候，可以利用客戶這種佔便宜的心理，使用價格的懸殊對比來促進銷售。

其實在很多世界頂尖銷售人員的成功法則中，利用價格的懸殊對比來俘獲客戶的心是常用的一種方法。

優惠是推動銷售最有效的方法之一，大多數客戶都只看你給出的優惠是多少，然後和你的競爭對手做比較，如果你沒有讓客戶覺得得到優惠，客戶就可能會離你而去。所以你不僅要注重商品的品質，還要注意滿足客戶想要優惠的心理需求。

但是，優惠不過是一種手段，說到底是用一些小利益換來大客戶，你還是有賺頭的，不然商場裏也不可能經常有「買就送」「大酬賓」等活動。

當然，在優惠的同時，你還要傳達給客戶一個資訊：優惠並不是天天有，你很走運。這樣，客戶的心裏才會更滿足，他們才更願意與你合作。

即使你推銷的產品在某方面有些不足，你也可以通過某些優惠讓他們滿意而歸。如果客戶對你的產品提出意見，你千萬不要直接否定客戶，要正視產品的缺點，然後用產品的優點來彌補這個缺點，這樣客戶就會覺得心理平衡，從而加快自己的購買速度。

比如客戶說：「你的產品品質不好。」作為銷售人員的你可以這樣告訴客戶：「產品確實有點小問題，所以我們才優惠處理。不過雖然有問題，但我們可以確保產品不會影響使用效果，而且以這個價格買這種產品很實惠。」這樣一來，你的保證和產品的價格優勢就會促使客戶產生購買欲望。

利用價格的懸殊差距來進行推銷確實會起到很好的效果，但是多少有些欺騙客戶的感覺，客戶得知真相以後，也會感到很氣憤。

因此在使用上一定要注意方式和分寸，既要滿足客戶的心理，又要確保讓客戶實實在在得到實惠，這樣才能夠保持和客戶的長久關係，實現互惠互利。

利用顧客的逆反心理推銷產品

在消費過程中，我們經常能夠發現這樣的情形，銷售人員越是苦口婆心地把某商品推薦給客戶，客戶就越拒絕。

是什麼因素導致客戶產生逆反心理的呢？

例如，當客戶對於某商品特別感興趣的時候，想要摸摸質地，而這時銷售人員過來說：「不好意思，我們的樣品是禁止觸摸的！」這時客戶的心裏立刻會變得反感：有什麼好的，不摸就不摸！於是扭頭就離開了。這就是客戶對商品的強烈好奇心受到了阻礙，而導致客戶產生心理逆反。

還有，當客戶的心理需要得不到滿足的時候，會更加刺激他強烈的需要。比如，人們往往對於自己越是得不到的東西，越想得到；越是不能接觸的東西，越想接觸；越是不讓知道的事情，越想知道。

容易引起客戶逆反心理的原因還有對立情緒，因為客戶一般都會對登門推銷的銷售人員抱有警戒心理，本能地對其不信任，所以銷售人員把自己的產品說得越好，客戶越覺得是假的；銷售人員越是熱情，客戶越是覺得他虛情假意，一切只是為了騙自己的錢而已。

例如，在實際銷售中，很多銷售人員往往為了儘快成交，而一味窮追猛打，以為通過密集轟炸就可以把客戶搞定，但是這樣很有可能會起到相反的效果，令客戶產生逆反心理：因為在與客戶初次接觸的時候，客戶常常懷有戒備之心，如果此時只是一味強調己方的產品如何如何好，如何如何實用，客戶反而會因為害怕受騙而拒絕接受。

客戶的逆反心理在具體消費過程中會有以下幾種表現形式：

(1)**反駁**。客戶往往會故意針對銷售人員的說辭提出反對意見，讓銷售人員知難而退。

(2)**不發表意見**。在銷售人員苦口婆心地介紹和進行說服的過程中，客戶始終保持緘默，態度也很冷淡，不發表任何意見。

(3)**高人一等的作風**。不管銷售人員說什麼，客戶都會以一句臺詞應對，那就是「我知道」，意思是說，我什麼都知道，你不用再介紹。

(4)**斷然拒絕**。在銷售人員向客戶推薦時，客戶會堅決地說：「這件商品不適合我，我不喜歡。」

很多銷售人員不懂得客戶的逆反心理，在銷售過程中，總是片面地、滔滔不絕地介紹產品，而不顧客戶的感受，結果只能是一次又一次地遭受到客戶的拒絕。

愛德華先生的私家車已經用了很多年，經常發生故障，他決定換一輛新車。這一消息被某汽車銷售公司得知，於是很多的銷售人員都來向他推銷轎車。

每一個銷售人員來到愛德華先生這裏，都詳細地介紹自己公司的轎車性能多麼好，多麼地適合他這樣的公司老闆使用，有銷售人員甚至還嘲笑說：「你的那台老車已經破爛不堪，不能再使用了，否則有失你的身分。」這樣的話無疑讓愛德華先生心裏特別反感和不悅。

銷售人員的不斷登門，讓愛德華先生感到十分煩躁，同時也增加了他的防禦心理，他心想：這群傢伙只是為了推銷他們的汽車，還說些不堪入耳的話，我就是不買，我才不會上當受騙呢！

不久，又有一名汽車銷售人員登門造訪，愛德華先生心想，不管他怎麼說，我也不買他的車，堅決不上當。

可是這位銷售人員只是對愛德華先生說：「我看您的這部老車還不錯，起碼還能再用上一年半載的，現在就換未免有點可惜，我看還是過一陣子再說吧！」說完給愛德華先生留了一張名片就主動離開了。

這位銷售人員的言行和愛德華先生所想像的完全不同，使其之前的心理防禦也一下子失去了意義，因此其逆反心理也逐漸地消失了。他還是覺得應該給自己換一輛新車，於是一周以後，愛德華先生撥通了那位銷售人員的電話，向他訂購了一輛新車。

逆反心理既會導致客戶拒絕購買你的產品，但也會促使其主動購買你的產品。例子中的銷售人員就是從相反的思維方式出發，消除客戶對銷售人員的逆反心理，從而使他主動購買自己的產品。

逆反心理是一種支持人們的與常規背道而馳的意識和行動，當銷售人員拒絕客戶購買某產品時，客戶反倒非要買來用用，結果是客戶自己說服了自己。

因此，銷售人員在向客戶推銷產品的時候，一方面要避免引起客戶的逆反心理驅使其拒絕購買自己的產品；另一方面，還要學會刺激客戶的逆反心理，引發客戶的好奇心，讓客戶產生強烈的購買欲望，你不賣他就會非要買，從而從正、反兩方面來調動客戶的積極性，使自己的銷售工作獲得成功。

性別決定購買取向

消費心理學是一門新興學科，它的目的是研究人們在生活消費過程中，在日常購買行為中的心理活動規律及個性心理特徵。消費心理學是消費經濟學的組成部分。研究消費心理，對於消費者，可提高消費效益；對於經營者，可提高經營效益。男女性別差異，在購物呈現各自不同的消費心理。男性消費者的購買心理又自有其特點。

什麼是男性消費心理？男性消費心理是指男性消費者在購買和消費商品時具有的一種心理狀態。相對於女性來說，男性購買商品的範圍較窄，一般多注重理性，較強調陽剛氣質。其特徵主要表現為：

●**注重商品品質、實用性**。男性消費者購買商品多是理性購買，不容易受商品外觀、環境及他人的影響。他們比較注重商品的使用效果及整體品質，不太關注細枝末節。

●**購買商品目的明確、迅速、果斷**。男性的邏輯思維能力強，喜歡通過報紙、雜誌、電視、網路等媒體廣泛收集有關產品的資訊，決策迅速。

●**有強烈的自尊心、好勝心，購物不太注重價值問題。**由於男性本身所具有的攻擊性和成就欲較強，所以男性購物時喜歡選購高檔氣派的產品，而且不願討價還價，忌諱別人說自己小氣或者所購買的產品「沒有品味」。

男性消費者的購買動機，有以下幾個特點：

(1)動機形成迅速、果斷，具有較強的自信性

男性的個性特徵與女性的主要區別之一在於其具有較強理智性、自信性。他們善於控制自己的情緒，處理問題時能夠冷靜地權衡各種利弊，從大局出發。有的男人把自己看作是能力、力量的化身，具有較強的獨立性和自尊心。這些個性特點直接影響他們在購買過程中的心理活動。

因此，男性動機形成要比女性果斷迅速，這能立刻導致其購買行為，即使是處在比較複雜的情況下，如當幾種購買動機發生矛盾衝突時，他們也能夠果斷處理，迅速作出決策。特別是許多男人不願「斤斤計較」，購買商品也是詢問大概情況，對某些細節不予追究，不喜歡花較多的時間比較、挑選，即使買到稍有瑕疵的商品，只要不影響大局，也不去計較。

(2)購買動機具有被動性

就普遍意義講，男性消費者不像女性消費者經常料理家務、照顧老人和小孩，因此，購買活動遠遠不如女性頻繁，購買動機也不如女性強烈。在很多情況下，購買動機的形成往往是由於外界因素的作用，如家裏人的囑咐、同事朋友的委託、工作的需要等等，動機的主動性、靈活性都比較差。

我們常常看到這種情況，許多男性顧客在購買商品時，事先記好所要購買的商品品名、式樣、規格等，如果商品符合他們的要求，就馬上採取購買行動，否則，就放棄購買動機。

(3)購買動機感情色彩比較淡薄

男性消費者在購買活動中心境的變化不如女性強烈，不喜歡聯想、幻想，所以相對地，男性購買動機的感情色彩也比較淡薄。所以，當動機形成後，穩定性較高，其購買行為也比較有規律。即使出現衝動性購買，也往往自信決策準確，很少反悔退貨。

一些國外心理學家研究表明，男性消費者在購買某些商品上與女性的明顯區別就是決策過程不易受感情支配，如購買汽車，男性主要考慮商品的性能、品質、品牌、使用效果、銷售價值和保修期限。如果上述條件符合他的要求，就會作出購買決策。

而女性則喜歡從感情出發，對車子的外觀式樣、顏色嚴格挑剔，並以此形成自己對商品的好惡。

另外，需要指出的是，男性消費者的審美觀同女性有明顯的差別，這對他們動機的形成也有很大影響。比如，有的男性認為，男性的特徵是粗獷有力，因此，他們在購買商品時，往往對具有明顯男性特徵的商品感興趣，如菸、酒、服裝等。

瞭解了男性消費者的購買心理後，商家應該根據男性的特點採取相應的措施和銷售手段，或許一次生意做成了，他就成了你的回頭客，成了你長期的合作夥伴。

由於性別的差別，女性的消費又是家庭消費的主要實施者，因此，誰抓住了女性消費者，誰就抓住了賺錢的機會。要想快速賺錢，就應該將目光瞄準女性的口袋。

店鋪在市場銷售中，應當充分重視女性消費者的重要性，挖掘女性消費市場。

女性消費者一般具有以下消費心理：

(1)追求美觀

俗話說「愛美之心，人皆有之」，對於女性消費者來說，更是如此。不論是年輕女子，還是上了年紀的女性，她們都希望將自己打扮得漂亮一些，充分展現自己的女性魅力。儘管不同年齡層次的女性具有不同的消費心理，但是她們在購買某種商品時，首先想到的都是這種商品能否展現自己的美，能否增加自己的形象美，使自己顯得更加年輕和富有魅力。例如，女性往往喜歡造型別致新穎、包裝華麗、氣味芬芳的商品。

女性消費者還非常注重商品的外觀，將外觀與商品的品質、價格當成同樣重要的因素來看待，因此在挑選商品時，她們會非常注重商品的色彩、式樣。

(2) 感情強烈，喜歡從衆

女性一般具有比較強烈的情感特徵，這種心理特徵表現在商品消費中，主要是用情感支配購買動機和購買行為。同時她們經常受到同伴的影響，喜歡購買和他人一樣的東西。

(3) 喜歡炫耀，自尊心強

對於許多女性消費者來說，她們之所以購買商品，除了滿足基本需要之外，還有可能是為了顯示自己的社會地位，向別人炫耀自己的與衆不同。在這種心理的驅使下，她們會追求高檔產品，而不注重商品的實用性，只要能顯示自己的身分和地位，她們就會樂意購買。

(4)女性購物更加細緻

由於女性自身的特點，導致她們通常在選擇商品時比較細緻，注重產品在細微處的差別，也就是更加「挑剔」。她們會在款式、顏色甚至做工的細微處進行比較。

女性消費者的購買動機主要有以下幾個特徵：

(1)具有較強的主動性、靈活性

大部分女性消費者經常光顧商店，購買商品。據國外統計，家庭消費用品，女性單獨購買的占百分之五十五，男女雙方一起購買的占百分之十一。

女性較多地進行購買活動，原因是多方面的。有的是迫於客觀需要，如操持家務；有的則是為滿足自己的需要，隨流行變化不斷購買各種時興商品；還有的女性把逛商店、買商品作為一種樂趣或消遣等等，所以購買動機具有較強的主動性、靈活性。

她們常常會主動想到家裏需要添置某件用品，某個人需要購買一套服裝等。動機的靈活性時常體現在購買具體商品上，如原打算購買某種商品，但商店無貨，這時男性往往放棄這次購買行為，而女性會尋找其他適合的替代品，實現購買行為。

(2)具有濃厚的感情色彩

女性的心理特徵之一是感情豐富、細膩，心境變化劇烈，富於幻想、聯想，因此，購買動機帶有強烈的感情色彩，如看到某種兒童服裝新穎漂亮，馬上會聯想到自己孩子穿上這套衣服會是什麼樣子，從而引起積極的心理活動，產生喜歡、偏愛等感情，促發其購買動機。在購買活動中，女性的感情變化表現得最充分。有的對商品愛不釋手，有的對商品「一見鍾情」，還有的為沒有買到某種喜歡的商品而懊悔不已，這同男性消費者的購買行為形成鮮明的對比。

(3)購買動機易受外界因素影響，波動性較大

女性購買動機的穩定性不如男性好，起伏波動較大。這是因為女性心理活動易受各種外界因素的影響，如商品廣告宣傳、購買現場的狀況、營業員的服務、其他消費者的意見等。心理學研究表明，女性比男性更容易接受外界宣傳和群體壓力，從而改變態度與行為。例如，許多商店為了招徠顧客，用醒目的大字標明「減價商品」、「出口轉內銷」等，這些往往對女性具有特別的吸引力。這是因為減價處理迎合人們的求利心理，同時，圍觀選購的顧客向她們顯示一種心理暗示，即這種商品受人歡迎，真正物美價廉。

另外，對一些女性消費者，特別是家庭主婦來講，購買動機的理智性也是其一個顯著特點，她們追求商品經濟實惠，結實耐用。

要抓住女顧客的心理，並不是困難的事。我們可以根據其年齡、職業、喜好的不同，做出合適的銷售方案。人的個性可以從各種小地方看出，例如說話的樣子、表情等，常常會顯現說話者個性上的特質。

所以與人說話時，不妨注意一下對方的表情，你會發現很多有趣的現象。

譬如，在商品說明展示會上，「這是本公司所推出的新產品，本產品和以前的產品，是完全不一樣的。我想這是各位所不知道的……」這是相當刺激顧客心理的話，各位不妨多注意顧客此時的表情變化吧！

「我會不知道嗎？」有的客人會以此反駁，有的是面帶微笑地說「這樣子啊！」不同的表情及語言就反映出不同的購買心理。

善於把握並認真揣摩女性購買心理，才能抓住這個龐大的購買市場。

知人知面更知心——職場上必懂的讀心術

作者：馬駿
出版者：風雲時代出版股份有限公司
出版所：風雲時代出版股份有限公司
地址：105台北市民生東路五段178號7樓之3
風雲書網：http://www.eastbooks.com.tw
官方部落格：http://eastbooks.pixnet.net/blog
Facebook：http://www.facebook.com/h7560949
信箱：h7560949@ms15.hinet.net
郵撥帳號：12043291
服務專線：(02)27560949
傳真專線：(02)27653799
執行主編：朱墨菲
美術編輯：許惠芳
法律顧問：永然法律事務所 李永然律師
北辰著作權事務所 蕭雄淋律師
版權授權：馬峰
初版日期：2013年3月
ISBN：978-986-146-930-0

總經銷：成信文化事業股份有限公司
地　址：新北市新店區中正路四維巷二弄2號4樓
電　話：(02)2219-2080

行政院新聞局局版台業字第3595號 營利事業統一編號22759935

定價：250元　特價：199元

國家圖書館出版品預行編目資料

知人知面更知心--職場上必懂的讀心術 ／ 馬 駿 著. -- 初版. --
臺北市：風雲時代，2013.3 -- 面；公分

ISBN 978-986-146-930-0（平裝）

1.商業心理法　2.讀心術

490.14　　101017404